建设工程施工合同管理与风险防范

胡冬勤　林建和　著

延吉·延边大学出版社

图书在版编目（CIP）数据

建设工程施工合同管理与风险防范 / 胡冬勤，林建和著． -- 延吉：延边大学出版社，2024.5
ISBN 978-7-230-06589-4

Ⅰ．①建… Ⅱ．①胡… ②林… Ⅲ．①建筑工程－工程施工－经济合同－管理 Ⅳ．①TU723.1

中国国家版本馆CIP数据核字(2024)第108465号

建设工程施工合同管理与风险防范

JIANSHE GONGCHENG SHIGONG HETONG GUANLI YU FENGXIAN FANGFAN

著　　者：胡冬勤　林建和
责任编辑：董　强
封面设计：文合文化
出版发行：延边大学出版社
社　　址：吉林省延吉市公园路977号　　　　邮　　编：133002
网　　址：http://www.ydcbs.com　　　　　E-mail：ydcbs@ydcbs.com
电　　话：0433-2732435　　　　　　　　 传　　真：0433-2732434
印　　刷：廊坊市海涛印刷有限公司
开　　本：710mm×1000mm　1/16
印　　张：10.5
字　　数：150 千字
版　　次：2024 年 5 月 第 1 版
印　　次：2024 年 5 月 第 1 次印刷
书　　号：ISBN 978-7-230-06589-4

定价：65.00元

前　　言

　　建设工程施工合同是处理建设项目实施过程中各种纠纷的法律依据。任何一个建设项目的实施，都是通过签订一系列的合同实现的，无论是对承包商的管理，还是对项目业主的管理，合同始终是建设项目管理的核心。因此，加强建设工程施工合同管理，不但是社会主义市场经济的要求，也是规范建设各方行为的需要。基于此，本书围绕建设工程施工合同管理与风险防范展开了深入研究。

　　本书首先对建设工程施工合同的内涵、特点、作用、分类、内容及签订进行了介绍，然后对建设工程施工合同管理的基础知识，以及建设工程施工合同中的工期管理、质量管理、价款管理及安全管理进行了详细阐述，接着对建设工程施工合同的风险管理及防范进行了分析，最后介绍了建设工程施工索赔的相关内容。

　　在写作过程中，笔者参阅了相关文献资料，在此，谨向其作者深表谢忱。

　　由于水平有限，疏漏和缺点在所难免，希望得到广大读者的批评、指正，并衷心希望同行不吝赐教。

笔者

2024 年 3 月

目　录

第一章　建设工程施工合同及其签订

第一节　建设工程施工合同概述

一、建设工程施工合同的内涵

建设工程施工合同简称施工合同，是工程发包人为完成一定的建筑、安装工程的施工任务与承包人签订的合同，由承包人负责完成拟定的工程任务，发包人提供必要的施工条件并支付工程价款。

建设工程施工合同是工程建设质量控制、进度控制和投资控制的主要依据。《中华人民共和国民法典》（以下简称《民法典》）、《中华人民共和国建筑法》（以下简称《建筑法》）、《中华人民共和国招标投标法》（以下简称《招标投标法》）中有相当多的条文对建设工程施工合同的相关方面作出规定，这些法律条文是建设工程施工合同管理的重要依据。

建设工程施工合同的当事人是发包人和承包人，双方是平等的民事主体。发包人是指具有工程发包主体资格和支付工程价款能力的当事人以及取得该当事人资格的合法继承人，可以是建设工程的业主，也可以是取得工程总承包资格的总承包人。承包人是具备相应工程施工承包资质和法人资格，并被发包人接受的合同当事人及其合法继承人，也称为施工单位。

二、建设工程施工合同的特点

（一）合同标的的特殊性

建筑产品属于不动产，其基础部分与地面相连，不能移动，这就决定了每个施工合同的标的都是特殊的，也决定了施工生产的流动性，施工人员、施工机械必须围绕建筑产品移动。此外，由于建筑产品各有其特定的功能要求，其实物形态千差万别，种类繁多，这就导致了建筑产品生产的单件性，即每项工程都有单独的设计和施工方案。

（二）合同履行期限的长期性

建筑物的施工结构复杂、体积大、建筑材料类型多、工作量大，因此，与一般工业产品的生产相比工期较长。而合同履行期限肯定要长于工期，这是因为工程施工应当在合同签订后开始，且需要加上合同签订后到正式开工前的一段较长的施工准备时间和工程全部竣工验收后办理竣工结算的时间及保修期。工程施工过程还可能会因为不可抗力、材料供应不及时导致工期顺延。这些情况决定了施工合同的履行期限具有长期性。

（三）合同内容的多样性和复杂性

虽然施工合同的当事人只有两方，但涉及的主体有多种。与大多数合同相比，施工合同的履行期限长、标的额大，涉及的法律关系（包括劳动关系、保险关系、运输关系等）具有多样性和复杂性，这就要求施工合同的内容应具体、明确。施工合同除应当具备合同的一般内容外，还应对安全施工、专利技术使用、工程分包、不可抗力、工程设计变更等内容作出规定，这决定了施工合同的内容具有多样性和复杂性。

（四）合同监督的严格性

由于施工合同的履行对国家经济发展、公民的工作和生活都有重大影响，因此国家对施工合同的监督是十分严格的。具体表现在以下几个方面：

1.对合同主体监督的严格性

建设工程施工合同的主体只能是法人，发包人只能是经过批准进行工程项目建设的法人。发包人不仅要有国家批准的建设项目，而且要具备一定的协调能力。承包人不仅要具备法人资格，而且要具备相应的资质。

2.对合同订立监督的严格性

订立建设工程施工合同必须以国家批准的投资计划为前提，即使是国家投资以外的、以其他方式筹集的资金也要受到当年的贷款规模的限制，纳入当年的投资规模计划，并经严格程序审批。此外，建设工程施工合同的订立，还必须符合国家关于建设程序的规定。

3.对合同履行监督的严格性

除合同当事人应当对合同进行严格管理外，相关部门也要对建设工程施工合同的履行进行严格监督。

三、建设工程施工合同的作用

（一）明确发包人和承包人的权利和义务

《民法典》第一百一十九条规定："依法成立的合同，对当事人具有法律约束力。"建设工程施工合同明确了发包人和承包人的权利和义务，是双方在履行合同的过程中的行为准则，双方都应以建设工程施工合同作为行为依据。双方应当认真履行各自的义务，任何一方都无权擅自修改或废除建设工程施工合同；任何一方违反建设工程施工合同规定的内容，都必须承担相应的法律责任。如果不订立建设工程施工合同，将无法规范双方的行为，也无法明确各自所享受的权利与承担的义务。

（二）保护发包人和承包人权益的依据

无论是哪种情况的违约，权利受到侵害的一方，都要以施工合同为依据，根据有关法律，追究对方的法律责任；施工合同一经订立，就成为调解、仲裁和审理纠纷的依据。因此，施工合同是保护发包人和承包人权益的依据。

（三）有利于对建设工程施工的管理

合同当事人对建设工程施工的管理应当以建设工程施工合同为依据。此外，建设工程施工合同也是国家机关、金融机构对建设工程施工进行监督和管理的重要依据。如果不订立施工合同，将给建设工程施工管理带来很大的困难。

（四）有利于建筑市场的发展

在市场经济条件下，合同是维系市场运转的主要因素。因此，发展建筑市场，首先要培育合同意识。推行建筑监督制度、实行招标投标制度等，都是以签订建设工程施工合同为基础的。因此，不建立建设工程施工合同管理制度，建筑市场的发展将无从谈起。

（五）推行监理制度的需要

《建筑法》第三十条规定："国家推行建筑工程监理制度。"《建筑法》第三十二条规定："建筑工程监理应当依照法律、行政法规及有关的技术标准、设计文件和建筑工程承包合同，对承包单位在施工质量、建设工期和建设资金使用等方面，代表建设单位实施监督。"建设单位、施工单位、监理单位三者之间的关系是通过建设工程监理合同和施工合同来确定的。监理单位对建设工程进行监理是以订立建设工程施工合同为前提和基础的。

四、建设工程施工合同的分类

按照承包工程计价方式，建设工程施工合同可以分为总价合同、单价合同和成本加酬金合同。

（一）总价合同

所谓总价合同，是指根据合同规定的工程施工内容和有关条件，业主应付给承包商的款额是一个规定的金额，即明确的总价的合同。这种合同一般要求投标人按照招标文件要求报一个总价，在这个价格下完成合同规定的全部项目。总价合同也称作总价包干合同，根据招标时的要求，当施工内容和有关条件不发生变化时，业主付给承包商的价款总额就不发生变化。

总价合同又分为固定总价合同和可调总价合同两种。

1.固定总价合同

固定总价合同的价格计算以图纸及规定、规范为基础，工程任务和内容明确，业主的要求清楚，合同总价固定不变，即不会因为环境的变化和工程量的增减而变化。在这类合同中，承包商承担了全部的工作量和价格的风险，因此，承包商在报价时对一切费用的价格变动因素以及不可预见因素都作了充分估计，并将其包含在合同价格之中。

对业主而言，其在合同签订时就可以基本确定项目的总投资额，对投资控制有利。在双方都无法预测的风险条件下和可能有工程变更的情况下，承包商承担了较大的风险。但是，工程变更和不可预见的困难也常常引起合同双方的纠纷，导致其他费用的增加。

当然，固定总价合同中还可以约定，在发生重大工程变更、累计工程变更超过一定幅度或者其他特殊条件下，双方可以对合同价格进行调整。因此，需要定义重大工程变更的含义、累计工程变更的幅度与什么样的特殊条件才能调整合同价格，以及如何调整合同价格等。

采用固定总价合同，双方结算比较简单，但是由于承包商承担了较大的风险，因此报价中不可避免地要增加一笔较高的风险费。承包商承担的风险主要包括两个方面：一是价格风险，二是工作量风险。价格风险有报价计算错误、漏报项目、物价和人工费上涨等；工作量风险有工程量计算错误、工程范围不确定、工程变更等。

2.可调总价合同

合同价格是以图纸及规定、规范为基础，按照时价进行计算，得到包括全部工程任务价格的暂定合同价格。它是一种相对固定的价格，在合同执行过程中，由于通货膨胀使工、料成本增加时，双方可以按照合同约定，对合同总价进行相应的调整，因此通货膨胀等不可预见因素的风险由业主承担。对承包商而言，其风险相对较小。

在工程施工承包招标时，施工期限在一年左右的项目一般采用固定总价合同，通常不考虑价格调整的问题，以签订合同时的单价和总价为准，物价上涨的风险由承包商承担。但是，建设周期在一年以上的工程项目一般采用可调总价合同。

（二）单价合同

当发包工程的内容和工程量不能明确、具体地予以规定时，可以采用单价合同，单价合同相对于总价合同最明显的特点，就是承包商需要就所报的工程价格进行分解，以表明每一分部分项工程的单价。根据计划工程内容和估算工程量，合同中明确每项工程内容的单位价格（如每米、每平方米或者每立方米的价格），实际支付时双方则根据实际完成的工程量乘以合同单价计算应付的工程款。单价合同中的总价仅仅是一个近似的价格，真正的工程价格是以实际完成的工程量为依据计算出来的。

单价合同的特点是单价优先，例如，国际咨询工程师联合会（International Federation of Consulting Engineers, FIDIC）所编制的《土木工程施工合同》（以下简称 FIDIC 合同条件）中，业主给出的工程量清单表中的数字是参考数字，而实际工程款则按实际完成的工程量和承包商投标时所报的单价计算，虽然在投标报价、评标以及签订合同中，人们常常注重总价格，但在工程款结算中以单价优先，对于投标书中明显的数字计算错误，业主有权先修改再评标。

单价合同主要有以下几种类型：

1.估计工程量单价合同

发包人在准备此类合同的招标文件时，委托咨询单位按分部分项工程列出工程量表并填入估算的工程量，承包人投标时在工程量表中填入各项的单价，据此计算出总价。但在每月结账时，工程款以实际完成的工程量结算。在工程全部完成时，以竣工图结算工程的总价格。这种合同由于能够估计出大体的工程量，因而适用于技术资料比较完善的项目。有的合同上规定，当某一单项工程的实际工程量与招标文件上的工程量相差一定百分比时，双方可以讨论改变单价，因为这时可变成本虽然没有变化，但是固定成本分摊到单位工程量上的成本发生了变化，这种变化导致利润率的变化。需要注意的是，单价调整的方法和比例最好在签订合同时写明，以免发生纠纷。

2.纯单价合同

纯单价合同适用于施工图纸不完善，无法估计出相对准确的工程量的情况。此时，招标文件只向投标人给出各分项工程的工作项目一览表、工程范围及必要的说明，而不提供工程量，承包人只要给出表中各项目的单价即可，将来施工时按实际工程量计算。有时，也可由发包人一方在招标文件中列出单价，而投标一方提出修改意见，双方磋商后确定承包单价。

由于单价合同允许随工程量变化而调整工程总价，业主和承包商都不存在工程量方面的风险，因此对合同双方都比较公平。另外，在招标前，发包单位无须对工程范围作出完整的、详尽的规定，从而可以缩短招标准备时间，投标人也只需要对所列工程内容报出自己的单价，从而缩短投标时间。

单价合同又分为固定单价合同和可调单价合同。当采用固定单价合同时，无论在什么情况下都不对单价进行调整，因而，这对承包商而言存在一定的风险。当采用可调单价合同时，合同双方可以约定一个估计的工程量。当实际工程量发生较大变化时，双方可以对单价进行调整。同时，还应该约定如何对单价进行调整；也可以约定，当通货膨胀达到一定水平或者国家政策发生变化时，可以对哪些工程内容的单价进行调整以及如何调整等。因此，承包商承担的风险相对较小。固定单价合同适用于工期较短、工程量变化幅度不大的项目。

（三）成本加酬金合同

成本加酬金合同也称为成本补偿合同，是与固定总价合同正好相反的合同，工程施工的最终合同价格按照工程的实际成本再加上一定的酬金进行计算。在签订合同时，工程的实际成本往往不能确定，只能确定酬金的取值比例或者计算原则。

采用此合同，承包商不承担任何价格变化或工程量变化的风险，这些风险主要由业主承担，对业主的投资控制很不利。而承包商则往往缺乏控制成本的积极性，不仅不愿意控制成本，甚至还会期望增加成本以提高自己的经济效益，因此，这种合同容易被那些不道德或不称职的承包商滥用，从而损害工程的整体效益。

1.成本加酬金合同的适用范围和特点

成本加酬金合同通常用于以下情况：

①工程特别复杂，工程技术、结构方案不能预先确定，或者尽管可以确定工程技术和结构方案，但是不可能进行竞争性的招标活动并以总价合同或单价合同的形式确定承包商，如研究开发性质的工程项目。

②时间紧迫，如抢险救灾工程，来不及进行细致的商谈。对业主而言，这种合同具有以下优点：

第一，可以通过分段施工缩短工期，而不必等待所有施工图完成才开始招标和施工。

第二，承包商对工程变更的反应会比较积极。

第三，承包商的施工技术专家可以帮助改进设计中的不足。

第四，业主可以根据自身需要较深入地介入工程施工与管理。

第五，可以通过确定最大保证价格约束工程成本不超过某一限值，从而转移一部分风险。

对承包商来说，这种合同比固定总价合同的风险低，利润有保证。其缺点是合同具有较大的不确定性，由于设计未完成，无法确定工程内容、工程量及合同的终止时间。

2.成本加酬金合同的形式

成本加酬金合同有许多种形式，主要有以下几类：

（1）成本加固定费用合同

根据双方同意的工程规模、估计工期、技术要求、工作性质及复杂性、所涉及的风险等确定一笔固定数目的报酬金额作为管理费及利润，对人工、材料、机械台班等直接成本则实报实销。如果设计变更或增加新项目，当直接费超过原估算成本的一定比例时，固定报酬也要增加。在工程总成本一开始估计不准、可能的变化不大的情况下，可采用此合同形式。

（2）成本加固定比例费用合同

工程成本中包括直接费用加一定比例的报酬费，报酬部分的比例在签订合同时由双方确定，这种方式的报酬费用总额随成本的增加而增加，不利于缩短工期。

（3）成本加奖金合同

奖金是根据报价书中的成本估算指标制定的，合同中对这个估算指标规定一个底点和顶点。承包商在估算指标的顶点以下完成工程则可得到奖金，超过顶点则要对超出部分支付罚款。

在招标时，当图纸、规范等准备不充分，不能确定合同价格，而仅能制定一个估算指标时可采用这种合同形式。

第二节 建设工程施工合同的
主要内容

一、《民法典》规定的施工合同内容

《民法典》第七百九十五条规定："施工合同的内容一般包括工程范围、建设工期、中间交工工程的开工和竣工时间、工程质量、工程造价、技术资料交付时间、材料和设备供应责任、拨款和结算、竣工验收、质量保修范围和质量保证期、相互协作等条款。"

（一）工程范围

工程范围是指施工的界区，是施工人施工的范围。施工合同上的工程范围并不一定与竣工结算时的工程范围相同，这是因为施工过程中有可能发生工程设计变更，而导致工程量增加或减少。

（二）建设工期

建设工期是指施工人完成施工任务的期限。《建设工程施工合同（示范文本）》（GF-2017-0201）对工期的定义为"在合同协议书约定的承包人完成工程所需的期限，包括按照合同约定所作的期限变更"。

1.开工日期及开工通知

开工日期包括计划开工日期和实际开工日期。

经发包人同意后，监理人发出的开工通知应符合法律规定。监理人应在计划开工日期 7 天前向承包人发出开工通知，工期自开工通知中载明的开工日期起算。

2.工期顺延

由于不可抗力或工程设计变更等情况的出现，使得工期不得不延期，双方当事人如果约定顺延工期应当经发包人或者监理人确认。如果承包人未取得工期顺延的确认，但能够证明在合同约定的期限内向发包人或者监理人申请过工期顺延且顺延事由符合合同约定，承包人可以以此为由主张工期顺延。

3.竣工日期

竣工日期包括计划竣工日期和实际竣工日期。计划竣工日期是计划中的工程结束的日期；实际竣工日期是建设项目的全部工程建设实际完工的日期。计划竣工日期和实际竣工日期并不一定重合，实际竣工日期可能早于也可能晚于计划竣工日期。

（三）中间交工工程的开工和竣工时间

中间交工工程是指施工过程中的阶段性工程。为了保证工程各阶段的交接，顺利完成工程建设，当事人应当明确中间交工工程的开工和竣工时间。

（四）工程质量

工程质量条款是明确施工人施工要求、确定施工人责任的依据。施工人必须按照工程设计图纸和施工技术标准施工，不得擅自修改工程设计，不得偷工减料。发包人不得明示或者暗示施工人违反工程建设标准，降低建设工程质量。

（五）工程造价

工程造价是指工程建设的全部费用，包括人工费、材料费、施工机械使用费、措施费等。在实践中，有些发包人为了获得更多的利益，压低工程造价，而施工人为了盈利，不得不偷工减料、以次充好，导致工程质量不合格，甚至造成严重的工程质量事故。因此，为了保证工程质量，双方当事人应当合理确定工程造价。

（六）技术资料交付时间

技术资料主要是指勘察、设计文件及其他施工人据以施工所必需的基础资料。当事人应当在合同中明确技术资料交付时间。

（七）材料和设备供应责任

材料和设备供应责任，是指由哪一方当事人提供工程所需材料和设备及其应承担的责任。材料和设备可以由发包人负责提供，也可以由施工人负责采购。如果按照合同约定由发包人负责采购建筑材料、构配件和设备的，发包人应当保证建筑材料、构配件和设备符合合同要求。

（八）拨款和结算

拨款是指工程款的拨付。结算是指施工人按照合同约定和已完成的工程量向发包人办理工程款的清算。施工合同中的拨款和结算条款是施工人请求发包人支付工程款的依据。

招标工程的合同价款由发包人、承包人依据中标通知书中的中标价格在协议书内约定。非招标工程的合同价款由发包人、承包人依据工程预算书在协议书内约定。合同价款在协议书内约定后，双方应当按照合同约定履行自己的义务，任何一方不得擅自改变。

（九）竣工验收

竣工验收条款一般应当包括验收范围与内容、验收标准与依据、验收人员组成、验收方式和日期等内容。

（十）质量保修范围和质量保证期

合同当事人应当根据相关法律、行政法规的规定和实际情况确定合理的质量保修范围和质量保证期，应遵循《建设工程质量管理条例》第三十九条"建设工程承包单位在向建设单位提交工程竣工验收报告时,应当向建设单位出具质量保修书。质量保修书中应当明确建设工程的保修范围、保修期限和保修责任等"的规定。

（十一）双方相互协作

双方相互协作条款一般包括双方当事人在施工前的准备工作,施工人及时向发包人提出开工通知书、施工进度报告书,对发包人的监督检查提供协助,等等。

二、《建设工程施工合同（示范文本）》（GF-2017-0201）的主要内容

为了指导建设工程施工合同当事人的签约行为,维护合同当事人的合法权益,依据《民法典》《建筑法》《招标投标法》以及相关法律法规,中华人民共和国住房和城乡建设部（简称住房城乡建设部）与中华人民共和国国家工商行政管理总局（今中华人民共和国国家市场监督管理总局）对《建设工程施工合同（示范文本）》（GF-2013-0201）进行了修订,制定了《建设工程施工合同（示范文本）》（GF-2017-0201）（以下简称《示范文本》）。

（一）《示范文本》的组成

《示范文本》由合同协议书、通用合同条款和专用合同条款三部分组成。

1.合同协议书

《示范文本》合同协议书共计 13 条,主要包括:工程概况、合同工期、质量标准、签约合同价和合同价格形式、项目经理、合同文件构成、承诺以及合同生效条件等重要内容,集中约定了合同当事人基本的合同权利义务。

2.通用合同条款

通用合同条款是合同当事人根据《建筑法》《中华人民共和国合同法》等法律法规的规定，就工程建设的实施及相关事项，对合同当事人的权利义务作出的原则性约定。

通用合同条款共计20条，具体条款分别为：一般约定、发包人、承包人、监理人、工程质量、安全文明施工与环境保护、工期和进度、材料与设备、试验与检验、变更、价格调整、合同价格、计量与支付、验收和工程试车、竣工结算、缺陷责任与保修、违约、不可抗力、保险、索赔和争议解决。前述条款安排既考虑了现行法律法规对工程建设的有关要求，也考虑了建设工程施工管理的特殊需要。

3.专用合同条款

专用合同条款是对通用合同条款原则性约定的细化、完善、补充、修改或另行约定的条款。合同当事人可以根据不同建设工程的特点及具体情况，通过双方的谈判、协商对相应的专用合同条款进行修改补充。在使用专用合同条款时，应注意以下事项：

①专用合同条款的编号应与相应的通用合同条款的编号一致；

②合同当事人可以通过对专用合同条款的修改，满足具体建设工程的特殊要求，避免直接修改通用合同条款；

③在专用合同条款中有横道线的地方，合同当事人可针对相应的通用合同条款进行细化、完善、补充、修改或另行约定；如无细化、完善、补充、修改或另行约定，则填写"无"或划"/"。

（二）《示范文本》的性质和适用范围

《示范文本》为非强制性使用文本。《示范文本》适用于房屋建筑工程、土木工程、线路管道和设备安装工程、装修工程等建设工程的施工承发包活动，合同当事人可结合建设工程具体情况，根据《示范文本》订立合同，并按照法律法规规定和合同约定承担相应的法律责任及合同权利义务。

（三）合同文件构成

合同协议书与下列文件一起构成合同文件：

①中标通知书（如果有）；

②投标函及其附录（如果有）；

③专用合同条款及其附件；

④通用合同条款；

⑤技术标准和要求；

⑥图纸；

⑦已标价工程量清单或预算书；

⑧其他合同文件。

在合同订立及履行过程中形成的与合同有关的文件均构成合同文件组成部分。

上述各项合同文件包括合同当事人就该项合同文件所作出的补充和修改，属于同一类内容的文件，应以最新签署的为准。专用合同条款及其附件须经合同当事人签字或盖章。

（四）合同文件的优先顺序

组成合同的各项文件应互相解释，互为说明。除专用合同条款另有约定外，解释合同文件的优先顺序如下：

①合同协议书；

②中标通知书（如果有）；

③投标函及其附录（如果有）；

④专用合同条款及其附件；

⑤通用合同条款；

⑥技术标准和要求；

⑦图纸；

⑧已标价工程量清单或预算书；

⑨其他合同文件。

上述各项合同文件包括合同当事人就该项合同文件所作出的补充和修改，属于同一类内容的文件，应以最新签署的为准。

在合同订立及履行过程中形成的与合同有关的文件均构成合同文件组成部分，并根据其性质确定优先解释顺序。

（五）合同当事人及其他相关方

1.合同当事人

合同当事人是指发包人和（或）承包人。发包人是指与承包人签订合同协议书的当事人及取得该当事人资格的合法继承人。承包人是指与发包人签订合同协议书的，具有相应工程施工承包资质的当事人及取得该当事人资格的合法继承人。

2.监理人

监理人是指在专用合同条款中指明的，受发包人委托按照法律规定进行工程监督管理的法人或其他组织。

3.设计人

设计人是指在专用合同条款中指明的，受发包人委托负责工程设计并具备相应工程设计资质的法人或其他组织。

4.分包人

分包人是指按照法律规定和合同约定，分包部分工程或工作，并与承包人签订分包合同的具有相应资质的法人。

5.发包人代表

发包人代表是指由发包人任命并派驻施工现场在发包人授权范围内行使

发包人权利的人。

6.项目经理

项目经理是指由承包人任命并派驻施工现场,在承包人授权范围内负责合同履行,且按照法律规定具有相应资格的项目负责人。

7.总监理工程师

总监理工程师是指由监理人任命并派驻施工现场进行工程监理的总负责人。

（六）合同的标的

标的是合同当事人的权利义务指向的对象。工程施工合同的标的是工程,包括房屋建筑工程、土木工程、线路管道和设备安装工程、装修工程等建设工程的新建、扩建、改建及相应的装饰装修活动。

（七）合同工期、质量标准、合同价款

合同工期、质量、价款是合同协议书中最为重要的内容,也是合同的实质性条款。按照《招标投标法》第四十六条规定:"招标人和中标人应当自中标通知书发出之日起三十日内,按照招标文件和中标人的投标文件订立书面合同。招标人和中标人不得再行订立背离合同实质性内容的其他协议。"

1.合同工期

合同工期是指承包人完成施工任务的期限。每个工程所需要的建设工期各不相同。建设工期能否合理确定往往会影响工程质量。在实践中,有的发包人为了获得更多的效益,缩短工期,承包人为了赶进度,只好偷工减料、仓促施工,导致严重的工程质量问题。因此,为了保证工程质量,双方当事人应当在施工合同中确定合理的建设工期。

2.质量标准

质量标准是合同协议书中的核心内容。工程质量往往通过设计图纸和施工

说明书、施工技术标准加以确定。工程质量条款是明确对承包人的施工要求，确定承包人责任的依据，是施工合同的必备条款。工程质量标准必须符合现行国家有关工程施工质量验收规范和标准的要求。有关工程质量的特殊标准或要求由合同当事人在专用合同条款中约定。

3.合同价款

合同价款是被发包人接受的并在合同协议书中载明的承包人的合同报价。对于招标工程，可通过招标投标的方式确定合同价款；对于非招标工程，应以施工图预算为基础，由发包人、承包人双方商定合同价款。合同价款不是实际结算的工程价款，除合同价款外，实际结算的工程价款还包括由于工程变更增加或减少的合同价款，以及由发包人支付或扣除的其他费用。

（八）合同生效

《民法典》第五百零二条规定："依法成立的合同，自成立时生效，但是法律另有规定或者当事人另有约定的除外。依照法律、行政法规的规定，合同应当办理批准等手续的，依照其规定。未办理批准等手续影响合同生效的，不影响合同中履行报批等义务条款以及相关条款的效力。应当办理申请批准等手续的当事人未履行义务的，对方可以请求其承担违反该义务的责任。"《民法典》第四百九十条规定："当事人采用合同书形式订立合同的，自当事人均签名、盖章或者按指印时合同成立。"《民法典》要求采用书面形式订立施工合同，因此，施工合同自双方当事人签字、盖章时生效。

合同订立时间是指合同双方签字、盖章的时间。双方如不约定合同生效条件，则合同订立时间就是合同生效时间。合同订立地点是指合同双方签字、盖章的地点。

（九）施工合同的主要条款

建设工程施工合同双方的权利、义务，主要体现在合同条款中。合同条款除明确规定合同履行内容、方式、期限、违约责任以及解决争议的方法外，还应明确建设工期、中间交工工程的开工和竣工时间、工程质量、合同价格、技术资料交付时间、材料和设备供应责任、计量支付和结算、交工验收、质量保证期、双方互相协作等内容。

第三节　建设工程施工合同的签订

一、建设工程施工合同的审查、分析

（一）合同审查、分析的目的

合同确定了合同当事人在工程项目建设和相关交易过程中的义务、权利和责任关系。合同中的每项条款都与双方的利益息息相关，影响双方的收益。在正式签订合同前，双方有必要对即将签署的合同进行全面的审查、分析。

合同审查、分析的目的在于以下几点：

①判断合同内容是否完整、各项合同条款表述是否准确；

②明确自己的权利、义务；

③分析合同中的问题，提出相应的对策；

④通过谈判，完善合同条款。

（二）合同审查、分析的内容

当事人必须在合同依据的法律基础的范围内签订合同，否则会导致合同无效。合同审查与分析主要从以下几个方面入手：

1.合同的合法性审查

（1）审查合同主体是否合法

①对法人的资格审查，主要是《营业执照》的经营期限和年检问题。

②对其他组织的资格审查，主要应审查其是否按规定登记并取得营业执照。有些法人单位设立的分支机构或经营单位，可以在授权范围内，以其所从属的法人单位的名义签订合同，产生的权利、义务由该法人单位承受，对这类组织，主要审查其所从属的法人单位的资格及其授权信息。

③对自然人，主要审查其身份证、户口本等基本身份证明。承包人要承包工程，不仅要具备相应的民事权利能力，而且要具备相应的民事行为能力。

（2）审查合同形式是否合法

当事人订立合同，有书面、口头和其他形式。法律、行政法规规定采用书面形式的，应当采用书面形式。订立合同时，如果当事人约定采用书面形式，也应当采用书面形式。

（3）审查工程项目是否合法

主要审查工程项目是否具备招标投标、签订和实施合同的条件。具体来说，包括以下几个方面：①是否具备工程项目建设所需要的各种批准文件；②工程项目是否已经列入年度建设计划；③建设资金和主要建筑材料、设备来源是否已经落实。

（4）审查合同内容是否合法

应当重点审查合同条款和所指的行为是否符合法律规定，如分包和转包的规定、劳动保护的规定、环境保护的规定、赋税和免税的规定是否符合相应的法律规定。

（5）审查合同订立的过程是否合法

审查招标人是否有规避招标行为和隐瞒工程真实情况的现象；投标人是否有串通作弊、哄抬标价、以行贿的手段谋取中标的现象；招标代理机构是否有违法泄露应当保密的与招标投标活动有关的资料的现象；其他违反公开、公平、公正原则的行为。

有些合同需要公证，或由官方批准后才能生效，这应当在招标文件中说明。在国际工程中，有些政府工程，在合同签订后，业主向承包商发出中标通知书后，还应经过政府批准，合同才能生效。对此，应当特别注意。

2.合同的完备性审查

《民法典》第四百七十条规定，合同的内容由当事人约定，一般包括下列条款：①当事人的姓名或者名称和住所；②标的；③数量；④质量；⑤价款或者报酬；⑥履行期限、地点和方式；⑦违约责任；⑧解决争议的方法。一份完整的合同应包括上述所有条款。由于建设工程活动多，涉及面广，合同履行中不确定性因素多，从而给合同履行带来很大风险。如果合同不够完备，就可能给当事人造成重大损失，因此必须对合同的完备性进行审查。合同的完备性审查包括以下几个方面：

（1）合同文件完备性审查

审查属于该合同的各种文件是否齐全，如发包人提供的技术文件等资料是否与招标文件中规定的相符、合同文件是否能够满足工程需要等。

（2）合同条款完备性审查

这是合同完备性审查的重点，即审查合同条款是否齐全、对工程涉及的各方面是否都有规定、合同条款是否存在漏项等。合同条款完备性程度与采用何种合同文本有很大关系。

①如果采用的是合同示范文本，则一般认为该合同条款较完备。此时，应重点审查专用合同条款是否与通用合同条款相符、是否有遗漏等。

②如果未采用合同示范文本，但合同示范文本存在，在审查时应当以示范文本为样板，将准备签订的合同与示范文本的对应条款一一对照，从中寻找合

同漏洞。

③无标准合同文本，如联营合同等。无论是发包人还是承包人，在审查该类合同的完备性时，应尽可能多地收集同类合同文本进行对比分析，以确定该类合同的范围和合同文本结构形式，再将被审查的合同按结构拆分，并结合工程的实际情况，从中寻找合同漏洞。

3.合同条款的审查

就施工合同而言，应当重点审查以下内容：

（1）工作范围

承包人所承担的工作范围，包括施工，材料和设备供应，施工人员的提供，工程量的确定，质量、工期要求及其他义务。工作范围是制定合同价格的基础，因此是合同审查与分析中一项极其重要的工作。招标文件中往往有一些含混不清的条款，故有必要进一步明确工作范围。在这方面，经常出现的问题有以下几点：

①因工作范围和内容规定不明确，或承包人未能正确理解而出现报价漏项，从而导致成本增加甚至整个项目亏损；

②由于工作范围不明确，没有对一些应包括进去的工程量进行计算而导致施工成本增加；

③规定工作内容时，对规格、型号、质量要求、技术标准表达不清楚，从而在实施过程中产生合同纠纷；

④对承包的国际工程，在将外文标书翻译成中文时出现错误，如将"金扶手"翻译成"镀金扶手"、将"发电机"翻译成"发动机"等，这必然导致报价失误。

因此，一定要仔细审查合同。特别是在固定总价合同中，根据双方已达成的价格，查看承包人应完成哪些工作、界面划分是否明确、对追加工程能否另计费用。对招标文件中已经体现，工程质量也已列入，但总价中未计入者，审查是否已经逐项指明不包括在承包范围内，否则，要补充计价并调整合同价格。为现场监理工程师提供的服务如包含在报价内，分析承包人应提供的办公及住房的建筑面积、标准等是否明确。此外，还要审查合同中有无诸如"除另有规定外的一切工程""承包人可以合理推知需要提供的为本工程服务所需的一切工程"等含混不清的语句。

（2）责任和权利

列出双方各自的责任和权利，在此基础上进行权利、义务关系分析，检查合同双方责、权、利是否平衡，是否有逻辑问题。同时，还必须对双方责任和权利的制约关系进行分析，如在合同中规定一方当事人有一项权利，则要分析该权利的行使会对对方当事人产生什么影响、该权利是否需要制约、权利方是否会滥用该权利、使用该权利的一方应承担什么责任等，据此可以提出对该项权利的反制约，例如，合同中规定"承包商在施工中随时接受工程师的检查"条款，作为承包商，为了防止工程师滥用检查权，应当相应增加"如果检查结果符合合同规定，则业主应当承担相应的损失"条款，以限制工程师的检查权。

同时，如合同中规定一方当事人必须承担一项责任，则要分析承担该责任应具备什么前提条件以及相应享有什么权利、如果对方不履行相应的义务应承担什么责任等。例如，合同规定承包商必须按时开工，则在合同中应相应地规定业主应按时提供现场施工条件、及时支付预付款等。

检查双方当事人的责任和权利是否具体、明确，权责范围界定是否清晰。例如，对不可抗力的界定必须清晰，如风力为多少级、降雨量为多少毫米、地震的震级为多少等。如果招标文件提供的气象、水文和地质资料不全，则应争取列入非正常气象、水文和地质情况下业主提供额外补偿的条款，或在合同价格中约定对气象、水文和地质条件的估计，如超过该假定条件，则需要增加额外费用。

（3）工期和施工进度计划

①工期

工期的长短直接与承发包双方利益密切相关。对发包人而言，工期过短，则不仅不利于提高工程质量，还会造成工程成本增加；而工期过长，则不利于发包人及时收回投资。因此，发包人应当综合考虑工期、质量和成本三者之间的制约关系，以确定最佳工期。对承包人来说，应当认真分析自己能否在发包人规定的工期内完工，为保证按期竣工，发包人应当提供什么条件、承担什么义务，如发包人不履行义务应承担什么责任，以及承包人不能按时完工应承担什么责任。如果很难在规定工期内完工，承包人应依据施工规划，在最优工期的基础上，考虑各种影响因素，争取确定一个双方都能够接受的工期，以保证施工顺利进行。

②开工

主要审查开工日期是已经在合同中约定，还是以工程师在规定时间发出开工通知为准；从签约到开工的准备时间是否合理；发包人提交的现场条件的内容和时间能否满足施工需要；施工进度计划提交及审批的期限；发包人延误开工、承包人延误进点应承担什么责任。

③竣工

主要审查竣工验收应当具备什么条件，验收的程序和内容；对单项工程较多的，能否分批、分栋验收，已竣工交付的，其维修期是否从出具该部分工程竣工证书之日算起；工程延期竣工罚款是否有最高限额；对于工程变更、不可抗力及其他原因而导致承包人不能按期竣工的，承包人能否延长竣工时间。

（4）工程质量

主要审查工程质量标准的约定能否体现优质优价的原则；材料和设备的标准及验收规定；工程师的质量检查权力及限制；工程验收程序及期限规定；工程质量瑕疵责任的承担方式；工程保修期限及保修责任。

（5）工程款及支付

工程造价条款是工程施工合同的必备和关键条款，但通常会发生约定不明或设而不定的情况，往往为日后纠纷的发生埋下隐患。实际情况表明，业主与承包商之间发生的争议、仲裁和诉讼等，大多集中在付款上，承包工程的风险或利润，最终也要在付款上体现。因此，无论是发包人还是承包人，都必须花费相当多的精力来研究与付款有关的问题。

（6）违约责任

订立违约责任条款的目的在于促使合同双方严格履行合同义务，防止违约行为的发生。发包人拖欠工程款、承包人不能保证工程质量或不按期竣工，均会给对方带来不可估量的损失。因此，违约责任条款的约定必须具体、完整。在审查违约责任条款时，要注意以下几点：

①对双方违约行为的约定是否明确、违约责任的约定是否全面。在建设工程施工合同中，双方的义务繁多，合同的一些非主要义务往往容易被忽视，而不承担这些义务极可能影响整个合同的履行。因此，应当注意必须在合同中明确违约行为，否则很难追究对方的违约责任。

②违约责任的承担是否公平。针对自己的关键性权利，即对方的主要义务，应向对方规定违约责任，如对承包人必须按期完工、发包人必须按规定付款等，都要详细规定各方的义务和违约责任。在对自己确定违约责任时，一定要同时规定对方的某些行为是自己履约的先决条件，否则自己不应当承担违约责任。

③对违约责任的约定不应笼统化，而应区分情况。有的合同不论违约的具体情况，笼统约定一笔违约金，这很难与因违约而造成的实际损失相匹配，从而出现违约金过高或过低等不合理现象。因此，应当根据不同的违约行为，如工程质量不符合约定、工期延误等分别约定违约责任。同时，对同一种违约行为，应视违约程度，规定不同的违约责任。

④虽然规定了违约责任，但在合同中还要强调，对双方当事人发生争执而又解决不了的违约行为及由此而造成的损失，可用协商调解和仲裁（或诉讼）的方式解决，以作为督促双方履行各自的义务和承担违约责任的一种保证措施。

此外，在审查合同时，还必须注意合同中关于保险、担保、工程保修、变更、索赔、争议的解决及合同的解除等条款的约定是否完备。

二、建设工程施工合同的谈判

（一）谈判的目的

合同谈判是建设工程施工合同双方对是否签订合同以及合同具体内容达成一致的协商过程。通过谈判，双方能够充分了解项目的情况，为高层决策提供依据。

开标以后，发包方经过研究，往往选择几家投标者就工程有关问题进行谈判，然后选择中标者。

1.发包方参加谈判的目的

①发包方可根据参加谈判的投标者的建议和要求，对图样、设计方案、技术规范进行某些修改后，估计可能对工程报价和工程质量产生的影响。

②审查投标者的施工规划和各项技术措施是否合理，以及负责项目实施的班子力量是否足够雄厚，能否保证工程质量和进度。

③通过谈判，发包方还可以了解投标者报价的组成，进一步审核和压低报价。

2.投标者参加谈判的目的

（1）争取中标

通过谈判宣传自己的优势以及建议方案的特点等，以争取中标。

（2）争取合理的价格

既要准备应对发包方的压价，又要准备在发包方拟修改设计、增加项目或提高标准时适当增加报价。

（3）争取改善合同条款

修改不合理的条款、澄清模糊的条款和增加有利于保护投标者利益的条款。

（二）谈判的过程

1.谈判的准备工作

谈判的成功与否，通常取决于谈判准备工作的充分程度和谈判过程中策略与技巧的运用。谈判的准备工作具体包括以下内容：

（1）收集资料

谈判准备工作的首要任务就是要收集、整理有关合同对方及项目的各种基础资料，主要包括对方的资信状况、履约能力、已有成绩等，以及工程项目的由来、土地获得情况、资金来源等。

（2）具体分析

在收集了相关资料以后，谈判的重要准备工作就是对己方和对方进行充分分析。

①对己方的分析

签订建设工程施工合同之前，首先要确定建设工程施工合同的标的物，即拟建工程项目。发包方必须运用科学研究的成果，对拟建工程项目的投资进行综合分析和论证。发包方必须按照可行性研究的有关规定，进行定性和定量的分析研究，包括工程水文地质勘查、地形测量以及项目的经济、社会、环境效益的测算比较，在此基础上论证工程项目在技术上、经济上的可行性，对各种方案进行比较，筛选出最佳方案。发包方还要依据获得批准的项目建议书和可行性研究报告，编制项目设计任务书并选择建设地点。建设项目的设计任务书和选点报告批准后，发包方就可以委托取得工程设计资格证书的设计单位进行设计，然后进行招标。

在发包方发出招标公告后，承包方不应盲目地投标，而是应该做一系列调查工作，主要调查的内容：工程建设项目是否确实由发包方立项、项目的规模如何、发包方的实力如何。承包方为承接项目，可以主动提出某些让利的优惠条件，但是，在项目是否真实、发包方是否合法、建设资金是否落实等原则性问题上不能让步。否则，即使在竞争中获胜，即使中标承包了项目，一旦发生问题，合同的合法性和有效性就得不到保证，在这种情况下，受损害最大的往往是承包方。

②对对方的分析

对对方的基本情况的分析，主要从以下几个方面入手：第一，对对方谈判人员的分析，主要了解对方的谈判组由哪些人员组成，了解他们的身份、地位、性格、喜好等，以与对方建立良好的关系，争取在谈判前就有亲切感和信任感，为谈判营造良好的氛围；第二，对对方实力的分析，主要是指对对方财力、物力的分析。

实践中，就承包方而言，一要重点审查发包方是否为工程项目的合法主体，发包方作为合格的施工承发包合同的一方，是否具有拟建工程项目的地皮的立项批文、《建设用地规划许可证》《建设用地批准书》《建设工程规划许可证》《施工许可证》；二要注意调查发包方的资金情况，是否具备履约能力，如果发包方在开工初期就出现资金紧张的情况，就很难保证项目的正常进行。

对于发包方，则应注意承包方是否具有承包该工程的相应资质。对于无资质承揽工程，或以欺骗手段获取资质证书，或允许其他单位或个人使用该企业的资质证书、营业执照的，该企业应承担法律责任；对于将工程发包给不具有相应资质的企业的，《建筑法》规定发包方应承担法律责任。

③对谈判目标进行可行性分析

分析自身设置的谈判目标是否正确合理、是否切合实际、是否能被对方接受，以及对方设置的谈判目标是否合理。如果自身设置的谈判目标有疏漏或错误，或者盲目接受对方不合理的谈判目标，同样会后患无穷。

④对双方地位进行分析

根据工程项目，分析己方所处的地位也是很有必要的。这一地位包括整体与局部的优势和劣势。如果己方在整体上存在优势，而在局部存在劣势，则可以通过谈判弥补局部的不足。但如果己方在整体上已显示劣势，则除非能有契机转化这一形势，否则就不宜再耗时、耗资进行谈判。

（3）拟订谈判方案

对己方与对方分析完毕之后，即可总结该项目的操作风险、双方的共同利益、双方的利益冲突，以及双方在哪些问题上已取得一致，还存在着哪些问题甚至原则性的分歧，然后拟订谈判方案，决定谈判的重点。

2.明确谈判内容

（1）关于工程范围

承包方所承担的工程范围，包括施工、设备采购、安装和调试等。在签订合同时要做到范围清楚、责任明确，否则将导致报价漏项。

（2）关于合同文件

在拟制合同文件时，应注意以下几个问题：

①应将双方一致同意的修改和补充意见整理为正式的"附录"，并由双方签字作为合同的组成部分；

②应当由双方同意将投标前发包方对承包方质疑的书面答复作为合同的组成部分，因为这些答复既是标价计算的依据，也可能是日后索赔的依据；

③应该表明"合同协议同时由双方签字确认的图样属于合同文件"，以防发包方借补图样的机会增加工程内容；

④对作为付款和结算工程价款的工程量及价格清单，应根据议标阶段作出的修正重新审定，并经双方签字；

⑤尽管采用的是标准合同文本，但在签字前必须全面检查，对关键词语和数字更应该反复核对，不得有任何大意。

（3）关于双方的一般义务

①关于"工作必须使监理工程师满意"的条款。这是在合同条件中经常见到的。应该载明，"使监理工程师满意"只能是施工技术规范和合同条件范围内的满意，而不是其他。合同条件中还常常规定，"应该遵守并执行监理工程师的指示"。对此，承包方通常书面记录下监理工程师对某问题指示的不同意见和理由，以作为日后付诸索赔的依据。

②关于履约保证。应该争取发包方接受由国内银行直接开出的履约保证

函。有些国家的发包方一般不接受外国银行开出的履约担保，因此，在签订合同前，应与发包方选一家既与国内银行有往来关系，又能被对方接受的当地银行开具履约保证函，并事先与当地银行或国内银行协商。

③关于工程保险。应争取发包方接受由中国人民保险集团股份有限公司出具的工程保险单，如发包方不同意接受，可由一家当地有信誉的保险公司与中国人民保险集团股份有限公司联合出具保险单。

④关于工人的伤亡事故保险和其他社会保险。《建设工程安全生产管理条例》第三十八条规定："施工单位应当为施工现场从事危险作业的人员办理意外伤害保险。意外伤害保险费由施工单位支付。实行施工总承包的，由总承包单位支付意外伤害保险费。意外伤害保险期限自建设工程开工之日起至竣工验收合格止。"

⑤必须在合同中明确界定"不可预见的自然条件和人为障碍"的内容。对于招标文件中提供的气象、地质、水文资料与实际情况有出入的，则应争取列为"非正常气象和水文情况"，此时由发包方提供额外补偿费用。

（4）关于工程的开工和工期

①区别工期与合同期的概念。合同期表明一份合同的有效期，即从合同生效之日至合同终止之日的一段时间。而工期是对承包方完成其工作所规定的时间。在工程承包合同中，通常合同期长于工期。

②应明确规定保证开工的措施。要保证工程按期竣工，首先要保证按时开工。应将发包方影响开工的因素列入合同之中。

③施工中，如因变更设计造成工程量增加或修改原设计方案，或工程师不能按时验收工程，则承包方有权要求延长工期。

④必须要求发包方按时验收工程，以免拖延付款，影响承包方的资金周转和工期。

⑤发包方向承包方提交的现场应包括施工临时用地，并写明其占用土地的一切补偿费用均由发包方承担。

⑥应规定现场移交的时间和内容。现场移交应包括场地测量图样、文件和

各种测量标志的移交。

⑦单项工程较多的，应争取分批竣工，并提交工程师验收，发给竣工证明。工程全部具备验收条件而发包方无故拖延验收时，应规定发包方向承包方支付工程费用。

⑧承包方有由于工程变更、恶劣天气影响要求延长竣工时间的权利。

（5）关于材料和操作工艺

①对于报送给监理工程师或发包方审批的材料样品，应规定答复期限。发包方或监理工程师在规定答复期限不予答复，则视作"默许"。经"默许"后再提出更换，应该由发包方承担延误工期和原报批的材料已订货而造成的损失。

②如果发生材料代用、更换型号及其标准的问题时，承包方应注意两点：其一，将这些问题载入合同"附录"；其二，如有可能，可趁发包方在因议标压价时而提出材料代用的意见，更换那些招标文件中规定的高价或难以采购的材料。

③对于应向监理工程师提供的现场测量和试验的仪器设备，应在合同中列出清单，写明名称、型号、规格、数量等。如果超出清单内容，则应由发包方承担超出的费用。

④关于工序质量检查。如果监理工程师延误了上道工序的检查时间，往往会使承包方无法按期进行下一道工序，而使工程进度受到严重影响，因此，应对工序检验制度作出具体规定。特别是对需要及时安排检验的工序，要有时间限制。超出时间限制而监理工程师未予检查，则承包方可认为该工序已被接受，可进行下一道工序的施工。

⑤争取在合同或"附录"中写明材料化验和试验的权威机构，以防止对化验结果的权威性产生争执。

（6）关于施工机具、设备和材料的进口

承包方应争取用本国的机具、设备和材料承包涉外工程。许多国家允许承包方从国外运入施工机具、设备和材料为该工程专用，工程结束后再将施工机具和设备运出。如有此规定，应列入合同"附录"。另外，还应要求发包方协助承包方取得施工机具、设备和材料的进口许可。

（7）关于工程维修

应当明确维修工程的范围、维修期限和维修责任。一般工程维修期届满应退还维修保证金。承包方应争取以维修保函替代工程价款的保证金。维修保函具有保函有效期的规定，可以保障承包方在维修期满时自行撤销其维修责任。

（8）关于工程的变更和增减

工程变更应有一个合适的限额，超过限额，承包方有权修改单价。对于单项工程的大幅度变更，应在工程施工初期提出，并争取规定限期。超过限期大幅度增加单项工程，由发包方承担材料价格上涨而引起的额外费用；大幅度减少单项工程，发包方应承担因材料已订货而造成的损失。

（9）关于付款

承包方最为关心的问题就是付款问题。发包方和承包方发生的争议，多数集中在付款问题上。付款问题可归纳为三个方面，即价格问题、支付方式问题、货币问题。

①关于价格问题，国际承包工程的合同计价方式有三类。如果是固定总价合同，承包方应争取订立"增价条款"，保证在特殊情况下，允许对合同价格进行自动调整。这样就将全部或部分成本增高的风险转移给发包方承担。如果是单价合同，合同总价格的风险将由发包方和承包方共同承担。其中，由于工程数量方面的变更而引起的预算价格的超出，将由发包方承担，而单位工程价格中的成本增加，则由承包方承担。单价合同也可带有"增价条款"。如果是成本加酬金合同，成本增加的全部风险由发包方承担，但是承包方一定要在合同中明确哪些费用列为成本，哪些费用列为酬金。

②支付方式问题，主要是支付时间和支付保证等问题。在支付时间上，承包方越早得到付款越好。支付的方法有预付款、工程进度付款、最终付款和退还保证金。对承包方来说，一定要争取到预付款，而且预付款的偿还最好按预付款与合同总价的同一比例每次在工程进度款中扣除。对于工程进度付款，应

争取它不仅包括当月已完成的工程价款，还包括运到现场合格材料与设备费用。最终付款，意味着工程竣工，承包方有权取得全部工程的合同价款中一切尚未付清的款项。承包方应争取将工程竣工结算和维修责任区分开，可以用一份维修工程的银行担保函担保自己的维修责任，并争取早日得到全部工程价款。关于退还保证金问题，承包方争取降低扣留金额的数额，使之不超过合同总价的 5%，并争取工程竣工验收合格后全部退还，或者用维修保函代替扣留的应付工程款。

③货币问题，主要是货币兑换限制、货币汇率浮动、货币支付问题。货币支付条款主要有：固定货币支付条款，即合同中规定支付货币的种类和各种货币的数额，今后按此付款，而不受货币价值浮动的影响；选择性货币条款，即可在几种不同的货币中选择支付，并在合同中用不同的货币标明价格，这种方式也不受货币价值浮动的影响，但关键在于选择权的归属问题，承包方应争取主动权。

（10）关于争端、法律依据及其他

①应争取用协商和调解的方法解决双方争端。协商解决，灵活性比较大，有利于双方经济关系的进一步发展。

②应注意税收条款。在投标之前应对当地税收进行调查，将可能发生的各种税收计入报价中并在合同中规定，对合同价格确定以后由于当地法令变更而导致税收或其他费用的增加，应由发包方按票据进行补偿。

③合同规定管辖的法律通常是当地法律。因此，应对当地法律有一定了解。

总之，需要谈判的内容非常多，而且双方均以维护自身利益为核心进行谈判，使得谈判更加复杂，因此谈判双方需要进行深入的谋划。

三、建设工程施工合同签订的原则、依据及条件

（一）施工合同签订的原则

1.平等、自愿原则

平等是指当事人在合同的订立、履行和承担违约责任等方面都处于平等的法律地位，彼此的权利、义务对等。合同的当事人，无论规模和实力的大小，在订立合同的过程中地位一律平等，订立合同必须体现发包人和承包人在法律地位上完全平等。

自愿原则，是指是否订立合同、与谁订立合同、订立合同的内容以及是否变更合同，都要由当事人依法自愿决定。订立合同必须遵守自愿原则。

2.公平原则

公平原则是指当事人在订立合同的过程中以利益均衡作为评判标准。该原则最基本的要求是发包方与承包方的合同权利、义务、责任要对等而不能有失公平。实践中，发包方常常利用自身在建筑市场中的优势地位，要求工程质量达到优良标准，但又不愿优质优价；要求承包方大幅度缩短工期，但又不愿支付赶工措施费；要求竣工日期提前，但又不愿支付奖励。上述情况均违背了订立合同时承包方、发包方应该遵循的公平原则。

3.诚实信用原则

诚实信用原则，主要是指当事人在缔约时诚实并且不欺诈，在缔约后守信并自觉履行。在合同的订立过程中，常常会出现这样的情况，经过招标投标，发包方确定了中标人，却不愿与中标人订立合同，而与其他承包商订立合同。发包方此行为严重违背了诚实信用原则。

4.合法原则

合法原则，主要是指在合同的法律关系中，合同主体、合同的订立形式、订立合同的程序、合同的内容、履行合同的方式、对变更或者解除合同权利的

行使等都必须符合法律法规。

实践中，下列合同常因为违反法律、行政法规的强制性规定而无效：①没有从事建筑经营活动资格而订立的合同；②超越资质等级订立的合同；③未取得《建设工程规划许可证》或者违反《建设工程规划许可证》的规定进行建设，严重影响城市规划的合同；④未取得《建设用地规划许可证》而签订的合同；⑤未依法取得土地使用权而签订的合同；⑥必须招标投标的项目，未办理招标投标手续而签订的合同；⑦根据无效中标结果所订立的合同；⑧非法转包合同；⑨不符合分包条件而分包的合同；⑩违法带资、垫资施工的合同。

（二）施工合同签订的依据

施工合同必须依据《民法典》《建筑法》《招标投标法》等有关法律，按照《示范文本》的"合同条件"签订，并明确规定合同双方的权利、义务。合同双方应各尽其责，共同保证工程项目按合同规定的工期、质量完成。

（三）施工合同签订的条件

签订施工合同必须具备以下条件：
①初步设计已经批准；
②工程项目已列入年度建设计划；
③有能够满足施工需要的设计文件和有关技术资料；
④建设资金和主要建筑材料、设备来源已经落实；
⑤招标投标工程中标通知书已经下达；
⑥建筑场地、水源、电源、气源及运输道路已具备或在开工前完成等。
只有上述条件成立时，施工合同才具有有效性，合同双方才能保证履行合同，以免在实施过程中引起纠纷，从而完成合同规定的各项要求。

第二章　建设工程施工合同管理

第一节　建设工程施工合同管理概述

一、建设工程施工合同管理的概念

建设工程施工合同管理是指各级市场监督管理机构、建设行政主管机关，以及发包单位、监理单位、承包单位依据法律法规，采取法律的、行政的手段，对施工合同关系进行指导、协调及监督，保护施工合同当事人的合法权益，处理施工合同纠纷，制裁违法行为，保证施工合同贯彻实施的一系列活动。

建设工程施工合同管理分为两个层次：第一个层次是国家行政机关对建设工程施工合同的监督管理；第二个层次则是建设工程施工合同当事人及监理单位对施工合同的管理。各级市场监督管理机构、建设行政主管机关对施工合同进行宏观管理，建设单位、承包单位对施工合同进行微观管理。

二、建设工程施工合同管理的特点

建设工程施工合同管理者不仅要懂与合同有关的法律知识，还要懂工程技术、工程经济，以及工程管理方面的知识，而且建设工程施工合同管理具有很强的实践性，管理者只懂理论知识是远远不够的，还需要有丰富的实践经验。只有具备这些素质，管理者才能管理好建设工程施工合同。建设工程施工合同管理的特点如下：

（一）多元性

多元性主要表现在合同签订和实施过程中会涉及多方面的关系，建设单位委托监理单位进行工程监理，而承包单位则涉及专业分包材料的供应，以及银行、保险公司等机构，因而产生错综复杂的关系，这些关系都要通过合同体现。

（二）复杂性

建设工程施工合同是按照建设程序展开的，勘察、设计合同先行，监理施工、采购合同在后，合同呈现出串联、并联和搭接的关系。建设工程施工合同管理也是随着项目的进展逐步展开的。因此，合同的复杂性决定了建设工程施工合同管理的复杂性。项目参建单位和协建单位多，通常涉及勘察设计单位、监理单位、总包单位、分包单位、材料设备供应单位等，各方面责任界限的划分、合同权利和义务的界定非常复杂。合同管理者必须处理好各方面的关系，使相关的各合同和合同规定的各工作内容不相矛盾，使各合同在内容上、技术上、组织上、时间上协调一致，只有这样，才能形成一个完整的、周密的有序体系，以保证工程有秩序地实施。

（三）协作性

建设工程施工合同管理不是一个人的事，往往需要设立一个专门的管理班子。在某种程度上，管理班子是建设工程施工合同的管理者。管理班子中的每个部门，甚至是每个岗位都与合同管理有关，如招标部门是合同的订立部门、工程管理部门是合同的履行部门等。建设工程施工合同管理不仅需要专职的合同管理人员，而且要求参与合同管理的人员必须熟悉合同管理工作。正是因为建设工程施工合同管理是通过管理班子全员的分工协作、相互配合使工程进行的，所以沟通与协调显得尤为重要，体现了建设工程施工合同管理的协作性特点。

（四）风险性

建设工程施工合同涉及面广，受外界环境，如经济、社会、法律和自然条件等的影响，这些因素一般称为工程风险，工程风险难以预测，也难以控制，一旦发生往往会影响合同的正常履行，造成合同延期和经济损失。因此，工程风险管理成为建设工程施工合同管理的重要内容。由于建筑市场竞争激烈，投标报价是能否中标的关键性指标，因此导致建设工程施工合同价格偏低，同时业主也可能利用其在建筑市场上的买方优势，提出一些苛刻的条件。

（五）动态性

由于合同履行过程中干扰事件多，合同变更频繁，合同管理者必须按照变化了的情况不断调整，这就要求合同管理必须是动态的，管理人员必须加强对合同变更的管理，做好记录，将其作为索赔或终止合同的依据。

三、建设工程施工合同管理的目标

由于合同在工程中的特殊作用，项目的参与者以及与项目有关的组织都有合同管理工作。就施工合同来说，根据发包人、承包人和监理人在工程项目中角色的不同有不同性质、不同内容和不同侧重点的合同管理工作。

建筑工程施工合同管理是对施工合同的策划、签订、履行、变更、索赔和争议解决的管理，是施工项目管理的重要组成部分。合同管理是为项目目标和企业目标服务的，以保证项目目标和企业目标的实现。具体地说，合同管理的目标包括以下内容：

①使整个施工项目在预定的成本（投资）、预定的工期范围内完成，达到预定的质量和功能要求；

②使施工项目的实施过程顺利，合同争议较少，合同双方当事人能够履行合同义务；

③保证施工合同的签订和实施过程符合法律要求；

④工程竣工时使双方满意，发包人获得一个合格的工程，达到投资目的，对双方的合作感到满意，承包人不但获得利润，还赢得了信誉，建立双方的友好合作关系。

四、建设工程施工合同管理的内容

（一）施工合同的行政监管

行政主管部门要宣传贯彻国家有关合同方面的法律、法规和方针政策；组织培训合同管理人员，指导合同管理工作，总结交流工作经验；对建设工程施工合同的签订进行审查，监督、检查建设工程施工合同的履行，依法处理存在的问题，查处违法行为。具体来说，要做的监管工作如下：

①加强合同主体资格认证工作；

②加强对招标投标的监督管理工作；

③规范合同当事人的签约行为；

④做好合同的登记、备案和签证工作；

⑤加强对合同履行的跟踪检查；

⑥加强合同履行后的审查。

（二）监理工程师对施工合同的管理

对实行监理的工程项目，监理工程师的主要工作由建设单位（业主）与监理单位通过《建设工程委托监理合同》约定，监理工程师必须站在公正的第三者的立场上对施工合同进行管理。其工作内容包括建设工程施工合同实施全过程的进度管理、质量管理、投资管理和组织协调的全部或部分，具体如下：

①协助业主起草合同文件和各种相关文件，参加合同谈判；

②解释合同，监督合同的执行，协调业主、承包商、供应商之间的合同关系；

③站在公正的立场上正确处理索赔与合同争议；

④在业主的授权范围内处理工程变更，对工程项目进行进度控制、质量控制和费用控制。

（三）承包商对施工合同的管理

承包商需要建立合同实施的保证体系，确保合同实施过程中一切日常事务性工作有秩序地进行，使工程项目的全部合同事件处于控制中，保证合同目标的实现。

①合同订立前的管理：投标方向的选择、合同风险的总评价、合作方式的选择等；

②合同订立中的管理：合同审查、合同文本分析、合同谈判等；

③合同履行中的管理：合同分析、合同交底、合同实施控制、合同档案资料管理、合同变更管理等；

④合同发生纠纷时的管理：与业主之间的索赔和反索赔，与分包商、材料供应商及其他方面之间的索赔和反索赔。

（四）金融机构对施工合同的管理

金融机构对施工合同的管理，包括信贷管理、结算管理和当事人的账户管理。此外，金融机构还有义务协助执行已生效的法律文书，保护当事人的合法权益。依据合同范本订立合同时，应注意通用条款及专用条款需要明确说明的内容。

第二节　建设工程施工合同中的
工期管理

一、工期的相关概念

工期是指在合同协议书约定的承包人完成工程所需的期限，包括按照合同约定所作的期限变更。

开工日期、工程暂停施工、工期延误、竣工日期等，直接决定了工期。

（一）开工日期

开工日期是指承包人开始进场施工的日期。开工日期包括计划开工日期和实际开工日期。

计划开工日期是指合同协议书约定的开工日期。该日期在签订合同时就已确定，在合同履行过程中不再发生变化。

实际开工日期是指监理人按照开工通知约定发出的符合法律规定的开工通知中载明的开工日期。监理人发出开工通知前，施工现场应具备开工条件并已经取得施工许可证，否则，开工通知中载明的开工日期不应视为实际开工日期。

（二）工程暂停施工

1.由发包人引起的暂停施工

监理人经发包人同意后，应及时下达暂停施工指示。情况紧急且监理人未及时下达暂停施工指示的，按照紧急情况下的暂停施工执行。发包人应承担由此增加的费用，并支付给承包人合理的利润。

2.由承包人引起的暂停施工

承包人应承担由此增加的费用，且承包人在收到监理人复工指示后 84 天内仍未复工的，视为承包人无法继续履行合同。

3.指示暂停施工

监理人认为有必要，并经发包人批准后，可向承包人作出暂停施工指示，承包人应按监理人指示暂停施工。

4.紧急情况下的暂停施工

因紧急情况需要暂停施工，且监理人未及时下达暂停施工指示的，承包人可先暂停施工，并及时通知监理人，监理人应在接到通知后 24 小时内发出指示，逾期未发出指示的，视为同意承包人暂停施工，监理人不同意承包人暂停施工的，应说明理由。

5.暂停施工后的复工

暂停施工后，发包人和承包人应采取有效措施积极消除暂停施工的影响，在复工前，监理人会同发包人和承包人确定因暂停施工造成的损失，并确定复工条件，当具备复工条件时，监理人应经发包人批准后向承包人发出复工通知，承包人应按照复工通知要求复工。

6.暂停施工持续 56 天以上

监理人发出暂停施工指示后 56 天内未向承包人发出复工通知的，除该项停工属于承包人引起的暂停施工及不可抗力约定的情形外，承包人可向发包人提交书面通知，要求发包人在收到书面通知后 28 天内准许已暂停施工的部分或全部工程继续施工，发包人逾期不予批准的，则承包人可以通知发包人，将工程受影响的部分视为"变更的范围"中的可取消工作。

暂停施工持续 84 天以上不复工的，且不属于承包人引起的暂停施工及不可抗力约定的情形，并影响合同目的实现的，承包人有权提出价格调整要求，或者解除合同。

暂停施工期间，承包人应负责妥善照管工程并提供安全保障，由此增加的费用由责任方承担。暂停施工期间，发包人和承包人均应采取必要的措施确保工程质量及安全，防止因暂停施工扩大损失。

（三）工期延误

工期延误可分为由发包人引起的工期延误、由承包人引起的工期延误、不可归责于合同当事人任何方的工期延误三种情形。

1.由发包人引起的工期延误

由发包人引起的工期延误一般表现为发包人延迟取得工程施工所需的许可或批准，未能按约提供施工场地、图纸，提供的基础资料等文件错误，建设资金支付不到位，延迟批复承包人的文件，材料、设备未能按期提供。因发包人导致工期延误的，发包人应承担由此增加的费用，并向承包人支付合理的利润。

2.由承包人引起的工期延误

因承包人导致工期延误的，承包人应采取合理的赶工措施并自行承担由此增加的费用，工期不予顺延，约定节点工期违约责任的，承包人还应承担违约责任。

3.不可归责于合同当事人任何方的工期延误

其原因较为复杂，包括不可抗力、不利物质条件、异常恶劣的气候条件等因素。

不可抗力是指合同当事人在签订合同时不可预见，在合同履行过程中不可避免且不能克服的自然灾害和社会性突发事件，如地震、海啸、瘟疫、骚乱、戒严、暴动、战争和专用合同条款中约定的其他情形。不可抗力发生后，发包人和承包人应收集证明不可抗力发生及不可抗力造成损失的证据，并及时认真统计所造成的损失。

不利物质条件是指有经验的承包人在施工现场遇到的不可预见的自然物质条件、非自然的物质障碍和污染物，包括地表以下物质条件和水文条件以及专用合同条款约定的其他情形，但不包括气候条件。承包人遇到不利物质条件时，应采取克服不利物质条件的合理措施继续施工，并及时通知发包人和监理人。通知应载明不利物质条件的内容以及承包人认为不可预见的理由。

异常恶劣的气候条件是指在施工过程中遇到的，有经验的承包人在签订合同时不可预见的，对合同履行造成实质性影响的，但尚未构成不可抗力事件的恶劣气候条件。合同当事人可以在专用合同条款中约定异常恶劣的气候条件的具体情形。承包人应采取克服异常恶劣的气候条件的合理措施继续施工，并及时通知发包人和监理人。

由于不可归责于合同当事人任何方的因素导致工期延误产生的损失，需要结合不同的情况作具体分析后确定。

（四）竣工日期

竣工日期包括计划竣工日期和实际竣工日期。计划竣工日期是指合同当事人在合同协议书中约定的竣工日期。根据计划开工日期和计划竣工日期计算出的工期总日历天数为计划的工期，该工期总日历天数是衡量工程是否如期竣工的标准。

根据实际开工日期和实际竣工日期计算所得的工期总日历天数为承包人完成工程的实际工期总日历天数。实际工期总日历天数与合同协议书载明的工期总日历天数的差额，即工期提前或延误的天数。

《最高人民法院关于审理建设工程施工合同纠纷案件适用法律问题的解释（一）》第九条规定，当事人对建设工程实际竣工日期有争议的，人民法院应当分别按照以下情形予以认定：①建设工程经竣工验收合格的，以竣工验收合格之日为竣工日期；②承包人已经提交竣工验收报告，发包人拖延验收的，以承包人提交验收报告之日为竣工日期；③建设工程未经竣工验收，发包人擅自使用的，以转移占有建设工程之日为竣工日期。

二、因变更引起的工期调整

（一）设计变更

设计变更的原因主要有以下三种：

①设计单位修改设计缺陷引起的变更；

②发包人对方案考虑不周或迟迟不能确定，在施工阶段作出修改调整决定，要求设计单位修改设计；

③由于对地质、地形、地貌、水文气象等勘察不够全面，施工过程中实际情况与勘察资料不符，导致被动修改设计。

设计变更将对工程施工进度产生很大影响，因此，工程师应尽量减少设计变更，如果必须变更设计，应当按国家的规定和合同的约定程序进行。

（二）发包人要求的变更

发包人要求变更工程设计，应提前 14 天以书面形式向承包人发出变更通知，变更超过原设计标准或批准的建设规模时，发包人应报管理部门及有关部门重新审查批准，并由原设计单位提供变更的相应图纸和说明，承包人按照工程师发出的变更通知及有关要求进行变更。

发包人要求的变更一般包括以下几项：

①更改工程有关得分的标高、基线、位置和尺寸；

②增减合同中约定的工程量；

③改变有关工程的施工时间和顺序；

④其他有关工程变更需要的附加工作。

因变更导致合同价款的增减，由发包人承担，工期相应顺延。

（三）承包人要求的变更

因承包人擅自变更设计发生的费用和由此导致的发包人的直接损失由承包人承担，工期不予顺延。

承包人提出的合理化建议、对设计图纸或施工组织设计的更改，以及对材料、设备的换用须经工程师同意。未经工程师同意擅自更改或换用的，承包人承担由此产生的费用，并赔偿发包人的有关损失，工期不予顺延。

工程师同意采用承包人的建议，所发生的费用由发包人另行约定分担。

三、施工合同工期控制

（一）约定合同工期

合同工期是施工合同的重要内容，应在合同协议书中作出明确的约定，约定的内容主要包括开工日期、竣工日期和合同工期的总日历天数。合同工期是按照总日历天数计算的、包括法定节假日在内的承包天数。合同当事人应做好开工前的准备工作，承包人则应在约定的开工日期开工。

（二）承包人提交进度计划

承包人应在专用条款约定的日期将施工进度计划提交给监理工程师。对于采取分阶段施工的群体性工程，承包人应按照发包人提供的图纸及有关资料提供更详细的分部分项工程的进度计划，或周（日）工作进度计划，提交给监理工程师以便更好地控制工期。

（三）确认进度计划

监理工程师接到承包人提交的进度计划后，应当在约定的时间内予以确认或者提出修改意见，如果监理工程师不确认也不提出修改意见，则视为同意。按照合同约定完工是承包人的主要义务之一，因此，发包人同意承包人提出的经修订的施工进度的，并不免除承包人应当承担的责任和义务，承包人不能以发包人的同意作为免责的理由，不能以此认为合同当事人对合同工期进行了变更。

（四）监督进度计划的执行

监督已经确认的进度计划的执行是监理工程师的日常工作。一般情况下，监理工程师每月检查一次承包人的进度计划执行情况，由承包人提交一份上月进度计划的实际执行情况和本月的施工计划，同时，监理工程师还应到现场实地检查。

当工程的实际进度与计划不符合时，承包人应按照监理工程师的要求提出改进措施，经监理工程师同意后执行。由承包人造成工程实际进度与经确认的进度计划不符合时，所有后果由承包人承担，监理工程师不对改进措施的效果负责。如果采用改进措施后，工程实际进度赶上了计划进度，仍可按照原来的进度计划执行；如果过了一段时间后，还是与原进度计划有差距，则监理工程师可以要求承包人修改原进度计划并进行确认。这种确认并不是对工程延期的批准，而仅仅是要求承包人在合理的状态下施工。如果修改后的进度计划还是不能按期完成，承包人应承担相应的违约责任。监理工程师应当随时了解施工进度计划在执行过程中存在的问题，并帮助承包人解决。

（五）提前竣工

合同当事人约定提前竣工的，须就提前竣工的费用承担、工期调整及奖励等事项签订补充协议，便于合同当事人遵照执行。

合同当事人不得通过提前竣工的约定，压缩合理工期。合理工期可以参照当地政府主管部门或行业机构颁布的工期定额或标准确定。合理工期被任意压缩，有可能导致安全事故的发生。

承包人应注意，即便是由发包人提出提前竣工，只要承包人同意，则承包人不得以此为由免除其按照合同约定应承担的责任和义务。

发包人要求承包人提前竣工的，应通过监理人向承包人下达提前竣工指示，承包人应向发包人和监理人提交提前竣工建议书，提前竣工建议书应包括实施的方案、缩短的时间、增加的合同价格等内容。发包人接受该提前竣工建议书的，监理人应与发包人和承包人协商采取加快工程进度的措施，并修订施工进度计划，由此增加的费用由发包人承担。承包人认为提前竣工指示无法执行的，应向监理人和发包人提出书面异议，发包人和监理人应在收到异议后7天内予以答复。任何情况下，发包人不得压缩合理工期。

发包人要求承包人提前竣工，或承包人提出提前竣工的建议能够给发包人带来效益的，合同当事人可以在专用合同条款中约定提前竣工的奖励。

第三节　建设工程施工合同中的
质量管理

一、工程施工质量标准、规范和图纸

（一）标准、规范

标准是指对重复性事物的概念所作的统一性规定，以科学技术和实践经验的综合成果为基础，经有关方面协商统一，由主管机构批准发布，作为共同遵守的准则和依据。

工程施工质量标准必须符合现行国家有关工程质量验收规范和标准的要求。有关工程施工质量的特殊标准或要求由合同当事人在专用合同条款中约定。

合同当事人没有在专用合同条款中约定工程施工质量的特殊标准或要求，那么工程应当符合现行国家质量验收规范和标准的要求。如合同当事人在专用合同条款中约定特殊质量标准，则其不能低于国家质量验收规范和标准。如合同当事人的施工工程没有国家质量验收规范和标准，应该参照相似工程的质量验收规范和标准或者行业质量验收规范和标准。对此，合同当事人可在专用条款中明确约定。

（二）图纸

图纸既是合同文件的组成部分，又是衡量承包人义务履行情况的标准之一。图纸的质量不仅决定工程的质量，而且影响合同目的的实现。建设工程施工应当按照图纸进行。图纸是指由发包人提供或者由承包人提供，经工程师批准，满足承包人施工需要的所有图纸（包括配套说明和有关资料）。按时、按质、按量提供施工所需要的图纸是保证工程施工质量的重要基础。在工程中存在由发包人提供图纸与由承包人提供图纸两种情况。

1.由发包人提供图纸

在我国目前的建设管理体制中，施工所需图纸主要由发包人提供。在对图纸的管理中，应当注意以下几点：

①提供图纸是发包人的主要义务之一。发包人提供图纸的完整性、及时性、准确性直接影响工程施工。除有特别约定外，发包人应免费提供图纸。

②发包人应当组织承包人、监理人及设计人进行图纸会审和设计交底，以便各方掌握图纸的内容，保证工程施工顺利进行。

③如发包人未按合同约定提供图纸或提供的图纸不符合合同约定，承包人应及时固定证据，如发包人延迟提供图纸，承包人应当准确记录发包人提供图纸的时间、名称、数量，以便在双方就工期、质量产生争议时维护自身权益。

④发包人如对图纸的保密、知识产权有特别要求，应当在专用合同条款中

就保密期限、知识产权归属予以明确约定。

2.由承包人提供图纸

有些工程，施工图纸的设计或者与工程配套的设计有可能由承包人完成。如果合同中有这样的约定，则承包人应当在其设计资质允许的范围内，按工程师的要求完成这些设计，经工程师确认后使用，产生的费用由发包人承担。在这种情况下，工程师对图纸的管理重点是审查承包人的设计。

二、供应的材料、设备

材料、设备的质量是整个工程质量的基础。建筑材料、构配件生产及设备供应单位应对其生产或者供应的产品质量负责，而材料、设备的需求方则应根据合同的规定进行质量验收。

（一）材料、设备的质量要求

①材料生产及设备供应单位应具备相应的生产条件、技术装备和质量保证体系；

②材料、设备的质量符合行业的要求；

③材料、设备包装上的标识符合要求，有产品质量检验合格证、产品的使用说明书等。

（二）由发包人供应材料、设备

①由发包人供应材料、设备时，双方应当在专用合同条款中就材料、设备的品种、规格、型号、数量、单价、质量等级和送达的地点及其他合同当事人认为必要的事项作出明确的约定，同时约定发包人逾期供货时应当承担的责任。

②在发包人供货之前，承包人应提前通过监理人通知发包人及时供货，如

果因承包人不及时通知造成费用增加或工期延误，则应由承包人承担责任；反之，则应由发包人承担责任。如果合同当事人认为规定的 30 天通知期过长或过短，可以在合同专用条款中根据工程特点、所供应材料的具体情况作出特别约定。

③承包人依据合同约定修订施工进度计划时，需要同时提交修订后的发包人供应材料与设备的进场计划，以便于发包人调整供货计划。如果修订进场计划是由于承包人造成的，且由此造成发包人费用增加，承包人应承担责任。

④发包人应按《发包人供应材料、设备一览表》约定的内容提供材料和设备，并向承包人提供产品合格证明及出厂证明，对其质量负责。发包人应提前 24 小时以书面形式通知承包人、监理人材料和设备的到货时间，承包人负责材料和设备的检验和接收。

⑤发包人提供的材料和设备的规格、数量或质量不符合合同约定的，或因为发包人导致交货日期延误或交货地点变更等情况的，按照发包人违约办理。

⑥发包人供应的材料和设备，由承包人妥善保管，保管费用由发包人承担，已标价工程量清单或预算书已经列支的、专用合同条款另有约定的除外。因承包人发生丢失、毁损的，由承包人负责赔偿；监理人未通知承包人清点的，承包人不负责保管材料和设备，由此导致丢失、毁损的，由发包人负责。

⑦在使用发包人供应的材料和设备之前，由承包人负责检验，检验费用由发包人承担，不得使用检验不合格的材料和设备。

（三）由承包人采购材料、设备

①由承包人采购材料和设备时，承包人应当严格按照设计和有关标准采购，发包人不得指定厂家和供应商。

②对于应由承包人采购的材料和设备，发包人指定厂家和供应商的，承包人有权拒绝，并由发包人承担由此增加的费用。

③承包人采购的材料和设备，应保证产品质量合格，承包人应在材料和设

备到货前 24 小时通知监理人检验，承包人进行永久设备、材料的制造和生产的，应符合相关质量标准，并向监理人提交材料的样本及有关资料，并在使用该材料或设备之前获得监理人同意。

④承包人采购的材料和设备不符合设计或有关标准要求时，承包人应在监理人要求的合理期限内将不符合设计或有关标准要求的材料、设备运出施工现场，并重新采购符合要求的材料、设备，由此增加的费用由承包人承担。

⑤承包人采购的材料和设备由承包人妥善保管，保管费用由承包人承担，法律规定材料和设备使用前必须进行检验或试验，承包人应按监理人的要求进行检验或试验，检验或试验的费用由承包人承担，检验或试验不合格的材料和设备不得使用。

⑥发包人或监理人发现承包人使用不符合设计或有关标准要求的材料和设备时，有权要求承包人重新采购，由此增加的费用由承包人承担。

承包人运入施工现场的材料、设备以及在施工场地建设的临时设施，包括备品备件、安装工具与资料，必须专用于工程。未经发包人批准，承包人不得将其运出施工现场或挪作他用；经发包人批准，承包人可以根据施工进度计划撤走闲置的施工设备和其他物品。

三、工程质量检查及验收

工程质量检查及验收是为了统一建设工程施工质量检验的范围、内容、标准和方法，加强建设工程施工质量管理，确保工程顺利开展并达到要求的质量标准。

（一）检查和返工

①承包人应认真按照标准、规范和图纸的要求，以及工程师依据合同发出的指令施工，随时接受工程师的检查，为工程师的检查提供便利条件。

②工程质量达不到约定标准的部分，工程师一经发现，应要求承包人拆除和重新施工，承包人应按工程师的要求拆除和重新施工，直到符合相应标准，由于承包人的原因达不到约定标准的，由承包人承担拆除和重新施工的费用，工期不予顺延。

③工程师的检查不应影响施工正常进行，如影响施工正常进行、检查不合格，则影响正常施工的费用由承包人承担。另外，影响正常施工的追加合同价款由发包人承担并相应顺延工期。

④由于工程师指令失误或其他非承包人原因发生的追加合同价款，由发包人承担。

（二）隐蔽工程

隐蔽工程质量验收的目的在于对工程项目做到内部层层把关，将质量问题消除在封闭之前，从而有效地保证施工质量。工程具备隐蔽条件或达到专用条款约定的中间验收部位，由承包人进行自检，并在隐蔽或中间验收前 48 小时以书面形式通知工程师验收，通知包括隐蔽和中间验收的内容、验收时间和地点，承包人准备验收记录，待验收合格，工程师在验收记录上签字后，承包人可继续施工；若验收不合格，承包人在工程师限定的时间内进行修改，工程师进行验收。

工程师不能按时进行验收的，应在验收前 24 小时以书面形式向承包人提出延期要求，延期不能超过 48 小时，工程师未能按以上时间提出延期要求，不进行验收，承包人可自行组织验收，工程师应承认验收记录。

经工程师验收，工程质量符合标准、规范和图纸的要求，验收 24 小时后，工程师不在验收记录上签字，视为工程师认可验收记录，承包人可继续施工。

（三）重新检验

无论工程师是否进行验收，当其要求对已经隐蔽的工程进行重新检验时，承包人应按要求进行剥离或开孔，并在检验后重新覆盖或修复，检验合格，发包人承担由此发生的全部追加合同价款，赔偿承包人损失，并相应顺延工期；若检验不合格，承包人承担发生的全部费用，工期不予顺延。

（四）工程试车

1.试车程序

工程需要试车的，除专用合同条款另有约定外，试车内容应与承包人承包范围相一致，试车费用由承包人承担。工程试车应按如下程序进行：

①具备单机无负荷试车条件的，承包人组织试车，并在试车前48小时书面通知监理人，通知中应载明试车内容、时间、地点。承包人准备试车记录，发包人根据承包人要求为试车提供必要条件。试车合格的，监理人在试车记录上签字。监理人在试车合格后不在试车记录上签字的，自试车结束满24小时后视为监理人已经认可试车记录，承包人可继续施工或办理竣工验收手续。

监理人不能按时参加试车的，应在试车前24小时以书面形式向承包人提出延期要求，但延期不能超过48小时，由此导致工期延误的，工期应予以顺延。监理人未能在前述期限内提出延期要求，又不参加试车的，视为认可试车记录。

②具备无负荷联动试车条件的，发包人组织试车，并在试车前48小时以书面形式通知承包人。通知中应载明试车内容、时间、地点和对承包人的要求，承包人按要求做好准备工作。试车合格的，合同当事人在试车记录上签字。承包人无正当理由不参加试车的，视为认可试车记录。

2.试车中的责任

因设计原因导致试车达不到验收要求的，发包人应要求设计人修改设计，承包人按修改后的设计重新安装。发包人承担修改设计、拆除及重新安装的全部费用，工期相应顺延。因承包人原因导致试车达不到验收要求的，承包人按监理人要求重新安装和试车，并承担重新安装和试车的费用，工期不予顺延。

因设备制造原因导致试车达不到验收要求的，由采购该设备的合同当事人负责重新购置或修理，承包人负责拆除和重新安装，由此增加的修理、重新购置、拆除及重新安装的费用及延误的工期由采购该设备的合同当事人承担。

3.投料试车

需进行投料试车的，发包人应在工程竣工验收后组织投料试车。发包人要求在工程竣工验收前进行或需要承包人配合时，应征得承包人同意，并在专用合同条款中约定有关事项。

投料试车合格的，费用由发包人承担；因承包人原因造成投料试车不合格的，承包人应按照发包人的要求进行整改，由此产生的整改费用由承包人承担；非因承包人原因导致投料试车不合格的，如发包人要求承包人进行整改的，由此产生的费用由发包人承担。

（五）竣工验收

建设单位收到建设工程竣工报告后，应当组织设计、施工、工程监理等有关单位进行竣工验收。建设工程竣工验收应当具备下列条件：

①完成建设工程设计和合同约定的各项内容；

②有完整的技术档案和施工管理资料；

③有工程使用的主要建筑材料、建筑构配件和设备的进场试验报告；

④有勘察、设计、施工、工程监理等单位分别签署的质量合格文件；

⑤有施工单位签署的工程保修书。

建设工程经验收合格的，方可交付使用。

建设单位应当严格按照国家有关档案管理的规定，及时收集、整理建设项目各环节的文件资料，建立、完善建设项目档案，并在建设工程竣工验收后，及时向建设行政主管部门或者其他有关部门移交建设项目档案。

第四节　建设工程施工合同中的
价款管理

一、工程预付款

工程预付款是发包人为帮助承包人解决施工准备阶段的资金周转问题而提前支付的一笔款项，用于承包人为工程施工购置材料、设备等。工程是否实行预付款，取决于工程性质、承包工程量的大小及发包人在招标文件中的规定。工程实行预付款的，发包人应按合同约定的时间和比例（或金额）向承包人支付工程预付款。

预付款的支付按照专用合同条款约定执行，但至迟应在开工通知载明的开工日期 7 天前支付。预付款应当用于材料和设备的采购及修建临时工程、组织施工队伍进场等。

除专用合同条款另有约定外，预付款在进度付款中同比例扣回。在颁发工程接收证书前，提前解除合同的，尚未扣完的预付款应与合同价款一并结算。

二、预付款担保

发包人要求承包人提供预付款担保的，承包人应在发包人支付预付款 7 天前提供预付款担保，专用合同条款另有约定的除外。预付款担保可采用银行保函、担保公司担保等形式，具体由合同当事人在专用合同条款中约定。在预付款完全扣回之前，承包人应保证预付款担保持续有效。

发包人在工程款中逐期扣回预付款后，预付款担保额度应相应减少，但剩余的预付款担保金额不得低于未被扣回的预付款金额。

三、工程进度款

工程进度款是指在施工过程中，按逐月（或形象进度等）完成的工程量计算的各项费用总和。工程进度款是项目建设单位支付给施工单位的、按工程承包合同有关条款规定的工程合格产品的价款，是工程项目竣工结算前工程投资支付的主要方式。

（一）工程量的确认

对承包人已完成工程量的核实确认，是发包人支付工程款的前提。工程量确认程序如下：

①承包人应按专用条款约定的时间，向工程师提交已完工程量的报告。

②工程师接到报告后 7 天内按设计图纸核实已完工程量，并在计量前 24 小时通知承包人，承包人为计量提供便利条件并派人参加。承包人收到通知后不参加计量、发包人自行计量的，计量结果有效，可以作为工程价款支付的依据。

③工程师收到承包人报告后 7 天内未进行计量的，从第 8 天起，承包人报告中开列的工程量即视为已被确认，作为工程价款支付的依据。工程师不按约定时间通知承包人，使承包人未能参加计量的，计量结果无效。

④对承包人超出设计图纸范围和由于承包人的原因造成返工的工程量，工程师不予计量。

承包人统计经专业工程师质量验收合格的工程量，按施工合同的约定填报工程量清单和工程款支付申请表。专业工程师进行现场计量，按施工合同的约定审核工程量清单和工程款支付申请表，并报总监理工程师审定。

（二）工程款（进度款）支付

发包人应当在双方计量确认后 14 天内，向承包人支付工程款（进度款）。同期用于工程上的发包人供应材料、设备的价款，以及按约定时间发包人应按比例扣回的预付款，与工程款（进度款）同期结算。合同价款调整、设计变更调整的合同价款及追加的合同价款，应与工程款（进度款）同期调整支付。

发包人超过约定的支付时间不支付工程款（进度款），承包人可向发包人发出要求付款的通知。发包人在收到承包人通知后仍不能按要求支付的，可与承包人协商签订延期付款协议，经承包人同意后可以延期支付。协议需要明确延期支付时间和从计量结果确认后第 15 天起应付款的贷款利息。发包人不按合同约定支付工程款（进度款），双方又未签订延期付款协议，导致施工无法进行的，承包人可以停止施工，由发包人承担违约责任。

（三）工程款的结算方式

1.按月结算

控制界面实行旬末或月中预支、月末结算、竣工后清算的方法。跨年度竣工的工程，在年终进行工程盘点，办理年度结算。

2.竣工后一次结算

建设项目或单项工程建设期在 12 个月以内，或者工程承包价值在 100 万元以下的，可以实行工程款每月月中预支，竣工后一次结算。

3.分段结算

当年开工，当年不能竣工的项目，按照工程进度划分不同阶段进行结算。

4.目标结算

建设工程施工合同将承包工程的内容分解成不同的控制界面，以业主验收控制界面作为支付工程款的前提条件。也就是说，将合同中的工程内容分解成不同的验收单元，当施工单位完成单元工程内容并经业主验收后，业主支付单元工程内容的工程款。

在目标结算方式下，施工单位要想获得工程款，必须按照合同约定的质量标准完成界面内的工程内容。要想尽早获得工程款，施工单位必须充分发挥自己的组织实施能力，在保证质量的前提下加快施工进度。

四、施工合同价款调整与变更

招标工程的合同价款由发包人和承包人依据中标通知书中的中标价格在协议书内约定。非招标工程的合同价款由发包人和承包人依据工程预算书在协议书内约定。合同价款在协议书内约定后，任何一方当事人不得擅自改变。

《示范文本》将合同价格形式修改为单价合同、总价合同、其他价格形式合同三类。

（一）单价合同

单价合同是指合同当事人约定以工程量清单及其综合单价进行合同价格计算、调整和确认的建设工程施工合同，在约定的范围内合同单价不作调整。合同当事人应在专用合同条款中约定综合单价包含的风险范围和风险费用的计算方法，并约定风险范围以外的合同价格的调整方法。

（二）总价合同

总价合同是指合同当事人约定以施工图、已标价工程量清单或预算书及有关条件进行合同价格计算、调整和确认的建设工程施工合同，在约定的范围内合同总价不作调整。合同当事人应在专用合同条款中约定总价包含的风险范围和风险费用的计算方法，并约定风险范围以外的合同价格的调整方法。

（三）其他价格形式合同

合同当事人可在专用合同条款中约定其他价格形式。

承包人应将调整原因、金额以书面形式通知工程师，工程师确认调整金额后作为追加合同价款，与工程款同期支付。工程师收到承包人通知之后的 14 天内不予确认也不提出修改意见的，视为已经同意该项调整。

工程师应在收到变更工程价款报告之日起 14 天内予以确认，工程师无正当理由不确认时，自变更工程价款报告送达之日起 14 天后视为变更工程价款报告已被确认。

工程师不同意承包人提出的变更价款时，按合同约定的争议解决方式处理。

工程师确认增加的工程变更价款作为追加合同价款的，与工程款同期支付。由于承包人的原因导致工程变更的，承包人无权要求追加合同价款。承包人在工程变更确定后 14 天内提出变更工程价款的报告，经工程师确认后调整合同价款，变更合同价款按下列方法进行：

①合同中已有适用于变更工程的价格，按合同已有的价格变更合同价款；

②合同中只有类似于变更工程的价格，可以参照类似价格变更合同价款；

③合同中没有适用或类似于变更工程的价格，由承包人提出适当的变更价格，经工程师确认后执行。

五、竣工结算

（一）竣工结算申请

除专用合同条款另有约定外，承包人应在工程竣工验收合格后 28 天内向发包人和监理人提交竣工结算申请单，并提交完整的结算资料，有关竣工结算申请单的资料清单和份数等要求由合同当事人在专用合同条款中约定。

除专用合同条款另有约定外，竣工结算申请单应包括以下内容：

①竣工结算合同价格；

②发包人已支付承包人的款项；

③应扣留的质量保证金；

④发包人应支付承包人的合同价款。

（二）竣工结算审核

除专用合同条款另有约定外，监理人应在收到竣工结算申请单后 14 天内完成核查并报送发包人。发包人应在收到监理人提交的经审核的竣工结算申请单后 14 天内完成审批，由监理人向承包人签发经发包人签发的竣工付款证书。监理人或发包人对竣工结算申请单有异议的，有权要求承包人进行修正和提供补充资料，承包人应提交修正后的竣工结算申请单。

发包人在收到承包人提交的竣工结算申请书后 28 天内未完成审批且未提出异议的，视为发包人认可承包人提交的竣工结算申请单，自发包人收到承包人提交的竣工结算申请单后第 29 天起视为已签发竣工付款证书。

除专用合同条款另有约定外，发包人应在签发竣工付款证书后的 14 天内，完成对承包人的竣工付款。发包人逾期支付的，按照中国人民银行发布的同期同类贷款基准利率支付违约金；逾期支付超过 56 天的，按照中国人民银行发布的同期同类贷款基准利率的两倍支付违约金。

承包人对发包人签发的竣工付款证书有异议的，应在收到发包人签发的竣工付款证书后 7 天内对有异议部分提出异议，由合同当事人按照专用合同条款约定的方式和程序进行复核。对于无异议部分，发包人应签发临时竣工付款证书。承包人逾期未提出异议的，视为认可发包人的审核结果。

（三）质量保证金

经合同当事人协商一致扣留质量保证金的，应在专用合同条款中予以明确。

在工程项目竣工前，承包人已经提供履约担保的，发包人不得同时预留工程质量保证金。

1.承包人提供质量保证金的方式

承包人提供质量保证金有以下三种方式：

①质量保证金保函；

②相应比例的工程款；

③双方约定的其他方式。

专用合同条款另有约定的除外。

2.质量保证金的扣留

质量保证金的扣留有以下三种方式：

①在支付工程进度款时逐次扣留，在此情形下，质量保证金的计算基数不包括预付款的支付、扣回及价格调整的金额；

②工程竣工结算时一次性扣留质量保证金；

③双方约定的其他扣留方式。

除专用合同条款另有约定外，质量保证金的扣留原则采用上述第①种方式。

发包人累计扣留的质量保证金不得超过工程价款结算总额的 3%。如承包人在发包人签发竣工付款证书后 28 天内提交质量保证金保函，发包人应同时退还扣留的作为质量保证金的工程价款；保函金额不得超过工程价款结算总额的 3%。

发包人应在退还质量保证金的同时按照中国人民银行发布的同期同类贷款基准利率支付利息。

3.质量保证金的退还

缺陷责任期内，承包人认真履行合同约定的责任，到期后，承包人可向发包人申请返还保证金。

发包人在接到承包人返还保证金的申请后，应于 14 天内会同承包人按照合同约定的内容进行核实。如无异议，发包人应当按照约定将质量保证金返还给承包人。对返还期限没有约定或者约定不明确的，发包人应当在核实后 14 天内将质量保证金返还给承包人，逾期未返还的，依法承担违约责任。发包人在接到承包人返还质量保证金的申请后 14 天内不予答复，经催告后 14 天内仍不予答复的，视同认可承包人的返还质量保证金的申请。

第五节　建设工程施工合同中的
安全管理

一、合同双方的安全责任

《建设工程安全生产管理条例》对发包人、承包人和监理人等建设工程参与各方都明确了责任范围，对施工合同的安全管理，主要是指对发包人、承包人和监理人三方安全责任的划分。下面主要介绍发包人和承包人的安全责任。

（一）发包人的安全责任

发包人应负责赔偿以下各种情况造成的损失：

①工程或工程的任何部分对土地的占用所造成的第三者财产损失；

②由于发包人的原因在施工场地及其毗邻地带造成的第三者人身伤亡和财产损失；

③由于发包人的原因对承包人、监理人造成的人员人身伤害和财产损失；

④由于发包人的原因造成的发包人自身人员的人身伤害及财产损失。

《建设工程安全生产管理条例》第五十五条规定，违反本条例的规定，建设单位有下列行为之一的，责令限期改正，处 20 万元以上 50 万元以下的罚款；造成重大安全事故，构成犯罪的，对直接责任人员，依照刑法有关规定追究刑事责任；造成损失的，依法承担赔偿责任：

①对勘察、设计、施工、工程监理等单位提出不符合安全生产法律、法规和强制性标准规定的要求的；

②要求施工单位压缩合同约定的工期的；

③将拆除工程发包给不具有相应资质等级的施工单位的。

（二）承包人的安全责任

由于承包人的原因在施工场地内及其毗邻地带造成的发包人、监理人以及第三者人员伤亡和财产损失的，由承包人负责赔偿。

《建设工程安全生产管理条例》第六十二条规定，违反本条例的规定，施工单位有下列行为之一的，责令限期改正；逾期未改正的，责令停业整顿，依照《中华人民共和国安全生产法》的有关规定处以罚款；造成重大安全事故，构成犯罪的，对直接责任人员，依照刑法有关规定追究刑事责任：

①未设立安全生产管理机构、配备专职安全生产管理人员或者分部分项工程施工时无专职安全生产管理人员现场监督的；

②施工单位的主要负责人、项目负责人、专职安全生产管理人员、作业人员或者特种作业人员，未经安全教育培训或者经考核不合格即从事相关工作的；

③未在施工现场的危险部位设置明显的安全警示标志，或者未按照国家有关规定在施工现场设置消防通道、消防水源、配备消防设施和灭火器材的；

④未向作业人员提供安全防护用具和安全防护服装的；

⑤未按照规定在施工起重机械和整体提升脚手架、模板等自升式架设设施验收合格后登记的；

⑥使用国家明令淘汰、禁止使用的危及施工安全的工艺、设备、材料的。

《建设工程安全生产管理条例》第六十四条规定，违反本条例的规定，施工单位有下列行为之一的，责令限期改正；逾期未改正的，责令停业整顿，并处 5 万元以上 10 万元以下的罚款；造成重大安全事故，构成犯罪的，对直接责任人员，依照刑法有关规定追究刑事责任：

①施工前未对有关安全施工的技术要求作出详细说明的；

②未根据不同施工阶段和周围环境及季节、气候的变化，在施工现场采取相应的安全施工措施，或者在城市市区内的建设工程的施工现场未实行封闭围挡的；

③在尚未竣工的建筑物内设置员工集体宿舍的；

④施工现场临时搭建的建筑物不符合安全使用要求的；

⑤未对因建设工程施工可能造成损害的毗邻建筑物、构筑物和地下管线等采取专项防护措施的。

《建设工程安全生产管理条例》第六十五条规定，违反本条例的规定，施工单位有下列行为之一的，责令限期改正；逾期未改正的，责令停业整顿，并处 10 万元以上 30 万元以下的罚款；情节严重的，降低资质等级，直至吊销资质证书；造成重大安全事故，构成犯罪的，对直接责任人员，依照刑法有关规定追究刑事责任；造成损失的，依法承担赔偿责任：

①安全防护用具、机械设备、施工机具及配件在进入施工现场前未经查验或者查验不合格即投入使用的；

②使用未经验收或者验收不合格的施工起重机械和整体提升脚手架、模板等自升式架设设施的；

③委托不具有相应资质的单位承担施工现场安装、拆卸施工起重机械和整体提升脚手架、模板等自升式架设设施的；

④在施工组织设计中未编制安全技术措施、施工现场临时用电方案或者专项施工方案的。

二、安全事故

（一）事故分级

《生产安全事故报告和调查处理条例》第三条规定，根据生产安全事故（以下简称事故）造成的人员伤亡或者直接经济损失，事故一般分为以下等级：

①特别重大事故，是指造成 30 人以上死亡，或者 100 人以上重伤（包括急性工业中毒，下同），或者 1 亿元以上直接经济损失的事故；

②重大事故，是指造成 10 人以上 30 人以下死亡，或者 50 人以上 100 人以下重伤，或者 5 000 万元以上 1 亿元以下直接经济损失的事故；

③较大事故，是指造成 3 人以上 10 人以下死亡，或者 10 人以上 50 人以下重伤，或者 1 000 万元以上 5 000 万元以下直接经济损失的事故；

④一般事故，是指造成 3 人以下死亡，或者 10 人以下重伤，或者 1 000 万元以下直接经济损失的事故。

注意：上述所称的"以上"包括本数，所称的"以下"不包括本数。

（二）事故报告

《生产安全事故报告和调查处理条例》第九条规定，事故发生后，事故现场有关人员应当立即向本单位负责人报告；单位负责人接到报告后，应当于 1 小时内向事故发生地县级以上人民政府安全生产监督管理部门和负有安全生产监督管理职责的有关部门报告。

情况紧急时，事故现场有关人员可以直接向事故发生地县级以上人民政府安全生产监督管理部门和负有安全生产监督管理职责的有关部门报告。

《生产安全事故报告和调查处理条例》第十条规定，安全生产监督管理部门和负有安全生产监督管理职责的有关部门接到事故报告后，应当依照下列规定上报事故情况，并通知公安机关、劳动保障行政部门、工会和人民检察院：

①特别重大事故、重大事故逐级上报至国务院安全生产监督管理部门和负有安全生产监督管理职责的有关部门;

②较大事故逐级上报至省、自治区、直辖市人民政府安全生产监督管理部门和负有安全生产监督管理职责的有关部门;

③一般事故上报至设区的市级人民政府安全生产监督管理部门和负有安全生产监督管理职责的有关部门。

安全生产监督管理部门和负有安全生产监督管理职责的有关部门依照前款规定上报事故情况,应当同时报告本级人民政府。国务院安全生产监督管理部门和负有安全生产监督管理职责的有关部门以及省级人民政府接到发生特别重大事故、重大事故的报告后,应当立即报告国务院。

必要时,安全生产监督管理部门和负有安全生产监督管理职责的有关部门可以越级上报事故情况。

《生产安全事故报告和调查处理条例》第十一条规定,安全生产监督管理部门和负有安全生产监督管理职责的有关部门逐级上报事故情况,每级上报的时间不得超过 2 小时。

《生产安全事故报告和调查处理条例》第十二条规定,报告事故应当包括下列内容:

①事故发生单位概况;

②事故发生的时间、地点以及事故现场情况;

③事故的简要经过;

④事故已经造成或者可能造成的伤亡人数(包括下落不明的人数)和初步估计的直接经济损失;

⑤已经采取的措施;

⑥其他应当报告的情况。

（三）事故调查

《生产安全事故报告和调查处理条例》第十九条规定，特别重大事故由国务院或者国务院授权有关部门组织事故调查组进行调查。重大事故、较大事故、一般事故分别由事故发生地省级人民政府、设区的市级人民政府、县级人民政府负责调查。省级人民政府、设区的市级人民政府、县级人民政府可以直接组织事故调查组进行调查，也可以授权或者委托有关部门组织事故调查组进行调查。未造成人员伤亡的一般事故，县级人民政府也可以委托事故发生单位组织事故调查组进行调查。

《生产安全事故报告和调查处理条例》第二十五条规定，事故调查组履行下列职责：

①查明事故发生的经过、原因、人员伤亡情况及直接经济损失；

②认定事故的性质和事故责任；

③提出对事故责任者的处理建议；

④总结事故教训，提出防范和整改措施；

⑤提交事故调查报告。

（四）事故处理

《生产安全事故报告和调查处理条例》第三十二条规定，重大事故、较大事故、一般事故，负责事故调查的人民政府应当自收到事故调查报告之日起15日内做出批复；特别重大事故，30日内做出批复，特殊情况下，批复时间可以适当延长，但延长的时间最长不超过 30 日。有关机关应当按照人民政府的批复，依照法律、行政法规规定的权限和程序，对事故发生单位和有关人员进行行政处罚，对负有事故责任的国家工作人员进行处分。事故发生单位应当按照负责事故调查的人民政府的批复，对本单位负有事故责任的人员进行处理。负有事故责任的人员涉嫌犯罪的，依法追究刑事责任。

发生重大伤亡及其他安全事故时，应遵循以下程序处理：首先应迅速抢救伤员并保护事故现场，然后组织调查组进行现场勘察，分析事故原因，制定预防措施，写出调查报告报有关机关审核后结案。

建设工程项目安全事故处理遵循"四不放过"原则：①事故原因不清楚不放过；②事故责任者和员工没有受到教育不放过；③事故责任者没有受到处理不放过；④没有制定防范措施不放过。

三、安全文明施工

（一）安全生产要求

合同履行期间，合同当事人均应当遵守国家和工程所在地有关安全生产的要求，合同当事人有特别要求的，应在专用合同条款中明确施工项目安全生产标准化达标目标及相应事项。承包人有权拒绝发包人及监理人强令承包人违章作业、冒险施工的任何指示。

在施工过程中，如遇到突发的地质变动、事先未知的地下施工障碍等影响施工安全的紧急情况，承包人应及时报告给监理人和发包人，发包人应当及时下令停工并报政府有关行政管理部门采取应急措施。

（二）安全生产保证措施

承包人应当按照有关规定编制安全技术措施或者专项施工方案，建立安全生产责任制度、治安保卫制度及安全生产教育培训制度，并按安全生产法律规定及合同约定履行安全职责，如实编制工程安全生产的有关记录，接受发包人、监理人及政府安全监督部门的检查与监督。

（三）特别安全生产事项

承包人应按照法律规定进行施工，开工前做好安全技术交底工作，施工过程中做好各项安全防护措施。承包人为实施合同而雇用的特殊工种的人员应受过专门的培训并已取得政府有关管理机构颁发的上岗证书。

承包人在动力设备、输电线路、地下管道、密封防震车间、易燃易爆地段以及临街交通要道附近施工时，施工开始前应向发包人和监理人提出安全防护措施，经发包人认可后实施。

实施爆破作业，在放射性环境中施工及使用毒害性、腐蚀性物品施工时，承包人应在施工前 7 天以书面通知发包人和监理人，并报送相应的安全防护措施，经发包人认可后实施。

（四）治安保卫

除专用合同条款另有约定外，发包人应与当地公安部门协商，在现场建立治安管理机构或联防组织，统一管理施工场地的治安保卫事项，履行合同工程的治安保卫职责。

发包人和承包人除应协助现场治安管理机构或联防组织维护施工场地的社会治安外，还应做好包括生活区在内的各自管辖区的治安保卫工作。

除专用合同条款另有约定外，发包人和承包人应在工程开工后 7 天内共同编制施工场地治安管理计划，并制定应对突发治安事件的紧急预案。在工程施工过程中，发生暴乱、爆炸等恐怖事件，以及群殴、械斗等群体性突发治安事件的，发包人和承包人应立即向当地政府报告。发包人和承包人应积极协助当地有关部门采取措施平息事态，防止事态扩大，尽量避免人员伤亡和财产损失。

（五）文明施工

承包人在工程施工期间，应当采取措施保持施工现场平整，物料堆放整齐。工程所在地有关政府行政管理部门有特殊要求的，按照其要求执行。合同当事人对文明施工有其他要求的，可以在专用合同条款中明确。

在工程移交之前，承包人应当从施工现场清除承包人的全部设备、多余材料、垃圾和各种临时工程，并保持施工现场清洁整齐。经发包人书面同意，承包人可在发包人指定的地点保留承包人履行保修期内的各项义务所需要的材料、设备和临时工程。

（六）紧急情况处理

在工程实施期间或缺陷责任期内发生危及工程安全的事件，监理人通知承包人进行抢救，承包人声明无能力或不愿立即执行的，发包人有权雇用其他人员进行抢救。此类抢救按合同约定属于承包人义务的，由此增加的费用和（或）延误的工期由承包人承担。

第三章 建设工程施工合同风险
及其管理

第一节 建设工程施工合同风险

一、工程风险的概念

工程项目的构思、目标设计、可行性研究是基于理想的技术、管理和组织条件制定的。而在工程项目的建设过程中，这些因素都有可能发生变化，各个方面都存在着不确定性。这些变化会使得原定的计划、方案受到干扰，使原定的目标不能实现。对于这些事先不能确定的内部和外部的干扰因素，人们将其称为风险源。而风险是指项目实施过程中出现危险事件的可能性，以及产生后果的组合。由此可见，风险是由两个方面共同作用组合而成的：一是危险事件发生的可能性，即危险事件出现的概率；二是危险事件发生后所产生的后果。

工程项目实施过程中的风险是多方面的，常见的风险有以下几种：

（一）项目实施的环境风险

工程项目实施过程中存在很多环境风险，例如：

①在国际工程中，工程项目所在国的政治环境变化，如发生战争、罢工、社会动乱等造成工程项目中断或终止。

②经济环境的变化，如通货膨胀、汇率调整、物价上涨。物价和货币风险在工程项目实施过程中经常出现，而且对项目的影响非常大。

③法律的变化，如新的法律颁布、国家调整税率或增加新税种、新的外汇管理政策等。

④自然环境的变化，如复杂且恶劣的气候条件，百年未遇的洪水、地震、台风等。

（二）工程技术和实施方法等方面的风险

①现代工程项目的规模大，工程技术系统结构复杂，功能要求高，科技含量高，由此增加了项目参与方实施项目所承担的风险。

②一些工程项目的施工技术难度大，需要新技术、特殊的工艺、特殊的施工设备，这也增加了项目实施的风险。

（三）项目组织成员资信和能力风险

1.业主（包括投资者）的资信与能力风险

对承包商而言，业主的资信与能力风险是其实施工程项目可能承担的最大风险，主要表现为以下几点：

①业主没有按照合同要求承担合同义务，不及时供应其所负责的设备、材料，不及时交付场地，不及时支付工程款；

②业主的经营状况恶化，濒于倒闭，支付能力差，资信不好，恶意拖欠工程款，撤走资金，或改变投资方向，改变项目的目标；

③业主为了达到不支付或少支付工程款的目的，刁难承包商，滥用权力，进行罚款，或对承包商合理的索赔要求不作答复，或拒不支付；

④业主随便改变项目实施的要求，如改变设计方案、实施方案，打乱施工顺序，发布错误的指令，不按照程序干预工程项目的正常施工，造成工程项目成本的增加和工期拖延，但又不愿意将由此增加的费用补偿给承包商；

⑤在国内的很多工程项目中，恶意拖欠工程款已成为承包商最大的风险之一，也是影响企业施工的主要原因。

2.承包商（如分包商、供应商）的资信和能力风险

承包商是工程项目的具体实施者，是业主最重要的合作者。承包商的资信和能力情况对工程项目总目标的实现有着决定性影响。承包商能力和资信风险主要包括以下几个方面：

①承包商的技术能力、施工力量、装备水平和管理能力不足，没有适合的技术专家和项目经理，不能积极地履行合同；

②承包商的财务状况恶化，企业处于破产境地，无力支付工资，工程项目被迫中止；

③承包商的信誉差，在投标报价和工程采购中有欺诈行为；

④设计缺陷或错误，工程技术系统之间不协调，设计文件不完备，不能及时交付图纸或无力完成设计工作；

⑤承包商不积极履行合同责任，罢工、抗议或软抵抗等。

3.项目管理者（如工程师）的信誉和能力风险

项目管理者信誉和能力的风险主要表现在以下几个方面：

①工程师没有与本工程相适应的管理能力、组织能力和经验；

②工程师的工作热情和积极性差，苛刻要求承包商；

③工程师存在文化偏见，导致其不正确地履行合同。

（四）项目实施和管理风险

项目实施和管理过程中也存在很多风险，例如：

①项目决策的错误。工程项目相关的产品和服务的市场分析和定位错误，从而造成项目目标设计错误。

②环境调查工作不细致、不全面。

③起草错误的招标文件、合同条件。合同条款不严密、存在歧义，工程范

围存在不确定性。

④错误地选择承包商，承包商的施工方案、施工计划和组织措施存在不足。

⑤项目实施控制中的风险。例如，合同未正确履行，责任不明，产生索赔要求；没有得力的措施保证进度；由于工程项目的分标太细，分包层次太多，造成计划执行和调整的困难；下达错误的指令。

二、施工合同风险的概念

对上述列举的工程项目中的几类风险，通过合同定义和分配，明确规定或隐含的风险承担者，称为合同风险。施工合同风险是指与施工合同相关的，或由施工合同引起的实施工程项目所存在的不确定性，主要包括以下两类：

（一）合同条文存在的风险

虽然从施工合同中的条件规定看，业主承担的风险较多，但在目前竞争激烈的建筑市场中，业主利用优势地位和起草合同的便利条件，在合同中用苛刻的合同条款把相当一部分风险转嫁给了承包方。

（二）合同履行存在的风险

一般来说，施工企业仅注重对施工合同的静态管理，而忽视对施工合同的动态管理。在签订合同前，虽然施工企业注意审查对方的资信和履约能力，但施工合同的履行是一个动态的过程，包括签约、开工、施工、变更、验收、结算支付等环节，业主的经济实力到底如何，是在合同履行过程中体现出来的，业主过去的履约能力强并不能证明其对当前签订的合同履约能力就强，因此施工企业要注重在签约时对对方当事人的资信调查和对合同文本的审查。

三、施工合同风险的主要表现形式

目前，施工合同风险的主要表现形式有以下几种：

（一）采用固定价格合同带来的风险

采用固定价格合同，双方在专用条款内约定合同价款包含风险范围和风险费用的计算方法，在约定风险范围内合同价款不再调整。在这种合同形式下，施工企业承担的风险最大。在近年来的工程项目中，业主喜欢采用固定总价合同，因为采用这种合同形式双方结算方式较为简单，比较省事。在合同的执行中，施工企业的索赔机会较少，但施工企业要承担很大的风险。

如果业主初步设计招标文件，让施工企业计算工作量报价，或尽管施工图已经完成，但时间太短，施工企业无法详细核算，则其只能根据经验估算工作量。

（二）工程款支付条款中的风险

当前，拖欠工程款已成为困扰施工企业的突出问题。许多建设工程施工合同中这部分条款不甚明确，尤其是对工程款支付违约索赔条款约定不完整、不严密，给施工企业带来损失。

（三）标准不明确所带来的风险

建设工程施工合同中涉及许多标准问题。例如，建设工程施工合同通用条款中规定工程质量达不到约定标准的部分，施工企业应按监理工程师的要求重做，直至符合约定标准。如果专用条款中对约定标准没有作出明确、具体的规定，则很容易返工。

（四）合同文件前后不一致所带来的风险

合同文件前后不一致所带来的风险，即工程洽商、变更等方面的文件在合同文件中的效力顺序问题，若约定不明，则后签署的文件效力高于先签署的文件。如果工程管理人员在履行合同的过程中，签署文件时出现了与早期文件不一致而且不利于自己这一方的内容，就会带来额外的损失。

（五）工程变更风险

由于工程项目的复杂性，合同执行过程中经常涉及工程变更问题。如果施工企业提出了关于设计更改的合理建议，经工程师同意，可以变更。但如未经工程师同意，擅自变更，即使是合理的，施工企业也要赔偿损失，并且工期不顺延。

四、施工合同风险的成因

（一）承包方放弃自己的权利

在竞争激烈的市场环境下，承包方为获得工程，放弃自己的权利，不敢与发包单位进行平等的协商，对许多隐藏着风险的不合理要求予以接受。

（二）缺少科学、有效的风险控制方法

许多承包商没有从预防风险的角度，让专业人员对招标文件进行深入研究和全面分析，对现场勘察、审查图纸、复核工程量、分析合同条款等重要的基础工作做得不细，埋下巨大隐患，最终转化为合同风险和经营风险。

（三）在合同谈判和签署阶段，没有专业、高效的谈判班子

承包方没能发现和有效处置关键问题，导致施工合同中存在重大风险。对重大问题，如计价方式、职责权限、工作程序、工作标准、奖罚额度等，没有认真讨论并用准确的文字记录下来，特别是没有对发包方的义务和责任加以明确，而自己的义务却十分沉重。

（四）对程序问题和时效问题不够重视

承包方在这方面的教训很多，如合同中约定工程延期、设计变更等重大事项必须由业主确认后才可以实施，任何未经后者确认的决定都是无效的。如果违反上述规定，则可能因程序上的错误而遭受损失。又如，合同中约定工程款在工程经过验收或经过专家测试后付给，但在工程完工之后，发包方又以各种手段不做验收、测试等工作，导致承包方无法及时收回工程款。此外，施工合同中对许多工作都规定有严格的时间期限，必须在规定时间内完成相关手续的办理。

（五）不重视索赔工作

索赔是当事人根据法律规定，对并非自身过错造成的损失向对方提出的补偿要求，它是承包方转移风险的主要途径。但在具体实践中，许多承包方对索赔工作不够重视，表现为不敢索赔和不知如何索赔。不敢索赔，是因为承包方认为索赔会破坏合作关系，不利于履行合同；不知如何索赔，是因为对合同相关条款缺乏深刻理解，不能以此为基础进行索赔，没有及时收集相关证据，致使索赔工作无从下手。

第二节　建设工程施工合同
风险管理

一、施工合同风险管理的概念

合同风险管理是合同双方对合同履行的不确定性进行辨识、评估、预防和控制的过程，是用最低的费用把工程合同中可能发生的各种风险控制在最低限度的一种管理体系。建立施工合同风险的管理程序及应对机制，可以有效降低风险发生的可能性，或一旦风险发生，使风险对合同履行造成的不利后果最小化。风险管理是一个系统的、完整的过程，同时也是一个循环过程。

施工合同风险管理是为工程项目风险管理服务的。施工合同风险管理强调保障合同的履行。施工合同双方当事人均有风险，但是同一风险事件，对建设工程不同参与方造成的后果有时迥然不同。因此，施工合同风险管理是发包人与承包人站在各自的角度进行的风险管理活动。

（一）发包人的风险管理

1.前期准备工作

前期准备工作，特别是设计阶段的工作对投资影响很大。设计图纸质量不高、项目意图不明确，都会导致施工阶段变更频繁，产生风险。

在招标阶段主要有招标文件起草和商签合同的工作。从可行性研究到招标对投资的影响程度高达75%，如果有高素质人员协助起草招标文件与合同，就可能堵住合同缺项的漏洞，以保护自己的合法权益。

2.审慎授标

发包人评选中标单位时，应综合考虑报价、质量、工期及施工企业的信誉、技术力量和管理能力，严格执行投标资格预审，尤其应充分分析低报价的原因。在依照法定程序发出中标通知书、商签合同时要进一步考察中标单位的资信情况，确信无疑后才能签订合同。

3.审慎选择监理工程师并适当监督

发包人要选择公平、正直的监理工程师进行施工阶段的监督管理工作。发包人要注意到监理工程师的苛刻检查和不适当处置也是承包人的风险，因此，要选择有较高职业道德水准的监理工程师。当然，也要防止个别监理工程师与承包人串通一气，不严格执行国家标准，给工程造成隐患。

4.明确项目意图，建立公共关系机构

发包人要明确项目意图，不能使项目意图与周围环境发生冲突，否则有可能使项目延期。项目意图不仅要合法，还要考虑项目周围环境。因此，发包人应设立公共关系机构，随时协调项目与政府、民众、社区的关系，保障项目顺利实施。

（二）承包人的风险管理

在合同签订前对风险作全面的分析和预测，主要考虑以下问题：①工程实施过程中可能出现的风险类型；②风险发生的规律，如发生的可能性、发生的时间；③风险的影响，即风险如果发生，对工期和成本有哪些影响；④各种风险之间的联系，如一起发生或伴随发生的可能。

在合同实施过程中对可能发生或已经发生的风险进行有效控制：①采取措施避免风险发生；②有效转移风险，让其他方面承担风险造成的损失；③降低风险的不利影响，减少自己的损失；④在风险发生的情况下，对工程施工进行有效控制，保证工程项目顺利实施。

二、建设工程施工合同风险管理的程序

建设工程施工合同风险管理的程序由风险识别、风险评估、风险处置和风险监测四个环节组成。

（一）风险识别

1.风险类型

（1）承包商承担的风险

一般情况下，项目的合同文件中已经明确了双方各自负责的风险事件，项目开工之后，承包商承担的风险来自第三方的索赔、损失以及费用，主要包括发生在承包商实施项目过程中，或由承包商实施项目引起的人身伤害。只要是由于承包商导致的第三方人身伤亡事件，赔偿责任都属于承包商。

（2）业主承担的风险

对由于业主或其代理人的疏忽、恶意行为或违约导致的人身伤害、疾病、传染病或死亡，或任何财产，而不是工程的损失或损坏的风险，即业主人员引起的人身和财产风险事件，都由业主承担。由于工程所在国的爆炸物质、超音速飞机造成的压力波等承包商不可预见的任何自然力作用的事件，发生对个人的财产造成损失的风险，由业主承担，且业主应负责赔偿第三方。如果承包商也因这些事件产生了额外费用，承包商也可依据合同向业主索赔。

（3）双方共同承担的风险

对于承包商和业主都应负责的事件造成的损坏、损失、伤害风险，由双方共同承担。

2.风险识别的方法

风险识别是指双方根据合同中约定的风险承担类型，采用头脑风暴法、德尔菲法、核对表法等进行风险事件和因素识别，建立建设工程风险清单。其中，头脑风暴法是借助专家的经验，通过会议广泛获取信息的一种直观的预测和识

别方法。德尔菲法,又称专家调查法,首先由项目风险管理人员选定和该项目有关的专家,通过函询进行调查,收集意见后加以整理,然后将整理后的意见通过匿名的方式返给专家再次征求意见,如此反复多次后,专家意见会趋于一致,可作为最后预测和识别的依据。核对表法是指对同类已完成工程的环境与实施过程进行归纳总结后,建立该类项目的基本风险结构体系,并以表格形式按照风险来源排列,该表称为风险识别核对表。

(二)风险评估

风险评估是将建设工程风险事件发生的可能性和损失后果进行量化的过程。这个过程在系统地识别建设工程风险与合理地提出风险对策之间起着重要的桥梁作用。风险评估的作用主要在于确定各种风险事件发生的概率及其对建设工程目标影响的程度,如投资增加的数额、工期延误的天数等。

风险评估方法主要有调查打分法、层次分析法、模糊数学法等。其中,调查打分法最为常用,该方法主要包括三部分工作内容:

①识别工程项目可能遇到的所有风险并列出风险表;

②将列出的风险表提交给有关专家,利用专家的经验,对风险的重要性进行评估;

③收集专家意见,对专家评估结果作计算分析,综合整个项目风险分析概况,将每项风险因素的发生概率与相应的后果等级相乘,并乘以每位专家的权威性权重值,从而确定主要风险因素。

风险评估的基本程序:

①充分了解所需要研究的工程情况,收集资料,包括工程背景、设计资料、气象资料、地质资料、工程已有的研究报告等;

②划分评价层次单元和研究专题;

③对各评价单元可能发生的风险事故进行分类识别;

④分析各风险事故的原因、损失、后果;

⑤采用定性与半定量的评价方法对风险事故进行评价；

⑥对各风险事故提出控制措施的建议；

⑦对各评价单元的风险进行评价；

⑧残余风险评估；

⑨给出结论和建议；

⑩编制风险评估报告。

（三）风险处置

风险处置是根据风险评估的结果，采取相应的措施，以形成建设工程施工合同风险事件最佳对策组合的过程。一般来说，风险管理中所运用的对策有以下四种：风险回避、风险控制、风险自留和风险转移。这些风险对策的适用对象各不相同，我们需要根据风险评估的结果，对不同的风险事件选择适宜的风险对策，从而形成最佳的风险对策组合。

1.风险回避

风险回避就是以一定的方式中断风险源，使其不发生或不再发展，从而避免可能产生的损失。采用风险回避这一对策时，有时需要做出一些牺牲，但较之承担风险，这些牺牲比风险真正发生时可能造成的损失要小得多。如某承包商参与某建设工程的投标，开标后发现自己的报价远远低于其他承包商的报价，经仔细分析发现，自己的报价存在严重的误算和漏算，因而拒绝与业主签订施工合同。虽然这样做将被没收投标保证金或投标保函，但比承包后的损失要小得多。

采用风险回避对策时，需要注意以下问题：

（1）回避一种风险可能产生另一种风险

在建设工程实施过程中，绝对没有风险的情况几乎不存在。就技术风险而言，即使是相当成熟的技术也存在一定的风险。例如，在地铁工程建设中，采用明挖法施工方案有支撑失败、顶板坍塌等风险。如果为了回避这种风险而采用逆作法施工方案的话，又会产生地下连续墙失败等其他新的风险。

（2）回避风险的同时也失去了从风险中获益的可能性

由风险的特征可知，它具有损失和获益两重性。例如，在涉外工程中，由于缺乏有关外汇市场的信息，为避免承担由此而带来的经济风险，决策者决定选择本国货币作为结算货币，从而也就失去了从汇率变化中获益的可能性。

（3）回避风险可能是不实际的

例如，从承包商的角度，投标总是有风险的，但其绝不会为了回避投标风险而不参加任何建设工程的投标。建设工程的每一个活动都存在大小不一的风险，过多地回避风险就等于不采取行动，而这可能是最大的风险所在。因此，回避所有的风险是不可能的，这就需要其他的风险对策。

2.风险控制

风险控制是一种主动、积极的风险对策。风险控制可分为预防损失和减少损失两方面的工作。预防损失的作用在于降低损失发生的概率；减少损失的作用在于遏制损失的进一步发展，使损失最小化。一般来说，风险控制方案应是预防损失和减少损失的有机结合。

3.风险转移

风险转移是建设工程施工合同风险管理中非常重要而且广泛应用的一项风险对策，是指借用合同或协议，在风险事件发生时，将损失的一部分或全部转移到有经济利益关系的另一方。风险转移分为保险风险转移和非保险风险转移两种形式。

（1）保险风险转移

保险风险转移，是指通过购买保险的办法将风险转移给保险公司或保险机构。工程保险是业主和承包商转移风险的重要手段。当出现保险范围内的风险且造成损失时，承包商可以向保险公司索赔。一般在合同文件中，业主已指定承包商投保的种类，并在工程开工后就承包商的保险作出审查和批准。通常，承包工程保险有工程一切险、施工设备保险、第三者责任险、人身伤亡保险等。现代工程采取较为灵活的保险策略，即保险范围、投保人和保险责任可以在业主和承包商之间灵活地确定。承包商应充分了解这些保险所保的风险范围、保险金计算、赔偿方法、程序、赔偿额等详细情况，以作出正确的保险决策。

（2）非保险风险转移

非保险风险转移，又称合同转移，一般是通过签订合同的方式将工程风险转移给非保险人的对方当事人。常见的非保险风险转移有以下三种情况：

①业主将合同责任和风险转移给对方当事人，一般情况下被转移者多数是承包商；

②承包商进行合同转让或工程分包；

③第三方担保，合同一方当事人要求另一方为其履约行为提供第三方担保。

通过转移方式处置风险，风险本身并没有减少，只是风险承担者发生了变化。因此，转移出去的风险应尽可能让最有能力的承受者分担，否则，就有可能带来损失。

4.风险自留

风险自留可分为非计划性风险自留和计划性风险自留两种类型。

（1）非计划性风险自留

由于风险管理人员没有意识到某些风险的存在，或者没有采取措施，以致风险发生后只好由自己承担，这样的风险自留就是非计划性的和被动的。非计划性风险自留的主要原因：缺乏风险意识、风险识别失误、风险评价失误、风险决策延误、风险决策实施延误。事实上，对于大型、复杂的建设工程，风险管理人员几乎不可能识别出所有的工程风险。从这个意义上讲，非计划性风险自留有时是无可厚非的，因而也是一种适用的风险处理策略。但是，风险管理人员应当尽量减少风险识别和风险评价的失误，及时实施风险对策，从而避免被迫承担较大的工程风险。总之，虽然非计划性风险自留不可能不用，但应尽可能少用。

（2）计划性风险自留

计划性风险自留是主动的、有意识的、有计划的选择，是风险管理人员在经过正确的风险识别和风险评价后作出的风险对策，是整个建设工程风险对策计划的一个组成部分。也就是说，风险自留绝不可能单独运行，而应与其他风险对策结合使用。计划性风险自留的计划性主要体现在风险自留水平和损失支付方式两方面。所谓风险自留水平，是指选择哪些风险事件作为风险自留的对象。确定风险自留水平可以从风险量数值大小的角度考虑，一般应选择风险量小的风险事件作为风险自留的对象。计划性风险自留还应从费用、期望损失、机会成本、服务质量和税收等方面与工程保险比较后才能得出结论。损失支付方式的含义比较明确，即在风险事件发生后，通过什么方式或渠道对所造成的损失进行支付。

（四）风险监测

在建设工程实施过程中，管理人员要对各项风险对策的执行情况进行检查，并评价各项风险对策的效果；在工程实施条件发生变化时，确定是否需要提出新的风险处理方案。除此之外，管理人员还需要检查是否有被遗漏的工程风险或者发现新的工程风险，也就是开始新一轮的风险管理。

第四章　建设工程各阶段的
合同风险防范

第一节　建设工程施工阶段的
合同风险防范

一、建设工程施工阶段的合同风险识别

（一）施工现场管理风险

1.施工安全管理

由于施工活动一般是在露天处进行的，容易受到自然条件的影响，而且施工活动很多时候是高空作业，加上某些用于施工活动的生产工具具有一定的危险性，因此施工安全管理受到施工人、发包人和社会监督管理机构的高度重视。

安全管理是通过对生产过程中涉及的计划、组织、监控、调节和改进等一系列致力于满足生产安全需求所进行的管理活动。施工活动安全管理是一项大型的、系统性的、复杂的活动。它涉及大量的组织机构和管理人员、大量的技术问题、大量的法律法规以及庞大的社会关系。总之，建设工程施工活动的安全管理难度大、任务重。

对建筑安全领域的风险进行识别的目的在于了解建筑施工过程中的潜在危险。潜在危险是指能引起人员伤亡、设备损坏或财产损失等危害的活动或物

体，如在高处施工、使用梯子和脚手架以及接触有害物质等。《建筑法》第三十九条规定："建筑施工企业应当在施工现场采取维护安全、防范危险、预防火灾等措施；有条件的，应当对施工现场实行封闭管理。施工现场对毗邻的建筑物、构筑物和特殊作业环境可能造成损害的，建筑施工企业应当采取安全防护措施。"结合施工实践，施工安全管理主要包括下列内容：

第一，建筑施工企业应当在施工现场采取措施。这些措施包括：

①施工设备的管理。施工设备应按照施工总平面布置图规定的线路设置，不得随意侵占场内道路。建筑施工企业的生产工具都是反复使用的，如脚手架、井字架、安全网，其老化和磨损在所难免，这些工具在使用之前应当经过安全检查，经检查合格后方能使用。并且在使用期间要建立定期维修保养制度，以减少危险发生的可能性。另外，还应要求施工设备操作人员持证上岗，禁止无证人员操作，避免因操作施工设备不当而造成事故。

②爆破作业的管理。建筑施工需要进行爆破作业的，必须经上级主管部门审查同意，并在所在地县、市公安局申请《爆破物品使用许可证》，方可使用爆破物。在进行爆破作业的时候，必须遵守爆破安全规程。

③安全标志管理。施工现场井、坑、沟以及各种孔洞、易燃易爆场所、变压器周围，都要设置围栏、盖板和安全标志，夜间要设红灯示警，并指派专人管理这些警示标志，未经施工负责人批准，不得擅自移动或拆除警示标志。

④施工用电管理。在施工过程中，电力是不可或缺的，同时也是具有极大危险性的。施工现场用电设施的安装必须符合安全操作规程，并按照施工组织设计进行架设。对夜间照明、潮湿场所照明和手持照明，应当采取符合安全要求的电压。有些建筑工程施工需要架设临时电网，施工单位应当向有关部门提出申请，经批准后，在具有专业知识的技术人员的指导下进行安装，并对这些设施，特别是危险性较大的电网等指派专人管理，以保障施工活动安全进行。

⑤卫生管理。混凝土搅拌站、木工车间、沥青加工点及喷漆作业场所都要采取限制尘毒措施，使尘毒浓度达到国家限制标准。此外，施工现场还应当设

置各类职工生活设施。在不同的季节要采取相应的措施，如夏季要防暑降温、冬季要防寒防冻等。

⑥建筑材料管理。分类堆放建筑材料，对存放易燃易爆器材的场所应建立防火管理制度，配备足够的防火设施和灭火器材，严格遵守《中华人民共和国消防法》的有关规定。

⑦安全保卫管理。由于建筑施工是露天作业，参与人员众多，有些建筑材料和施工设备价值很高，因此应做好施工现场的安全保卫工作。对参与施工的人员应当发放相关证件，以便施工场地出入管理。

第二，在有条件的情况下实行施工现场封闭管理。施工现场封闭管理的主要目的在于防止"扰民"和"民扰"。一方面，采用密目式安全网，既可以保护作业人员的安全，又可以减少扬尘外泄；另一方面，在施工现场四周设置围栏，可以防止无关人员出入。

第三，施工现场对毗邻的建筑物、构筑物和特殊作业环境可能造成损害的，施工企业应当采取安全防范措施。

2.文明施工管理

所谓文明施工，主要是指在施工过程中对地下管线的保护。《建筑法》第四十条规定："建设单位应当向建筑施工企业提供与施工现场相关的地下管线资料，建筑施工企业应当采取措施加以保护。"所谓地下管线，是指埋置于地下的用于供电、通信、排水、供气等的管道和线路。地下管线是满足市民基本生活需要的必备设施，也是城市发展的基础。在建设工程施工活动中，特别是在进行地基基础工程建设时，很容易损坏地下管线。如果施工单位在施工过程中损坏地下管线，就可能造成施工中止。

建设单位应当在建设工程施工前向施工单位提供相关的地下管线、相邻建筑物和构筑物、地下工程的有关资料。建设单位因建设工程需要，向有关部门或者单位查询有关资料时，有关部门或者单位应当及时提供。

建设工程施工前，施工单位应当会同地下管线权属单位制定管线专项防护方案，确保地下管线、相邻建筑物和构筑物、地下工程和特殊作业环境的安全。

施工中施工单位应当采取相应的地下管线防护措施。不能确保管线安全或者施工安全的，建设单位应当会同地下管线权属单位对管线进行改移或者采取其他措施。

3.环境保护管理

建设工程施工过程极易造成环境污染。对建设工程施工进行环境管理，不仅是为了追求社会效益，促进环境的良性和持续性发展，同时也是施工风险管理的一个重要方面。

第一，对环境保护设施的管理。环境保护设施的建设和使用，是建设工程施工环境保护的核心，它关系到环境保护检查工作、环境保护的具体措施以及对整个施工环境保护评价的落实。对环境保护设施的施工应当与主体工程同步进行，而且建设单位应将环境保护设施的建设情况纳入档案管理，以便行政部门监督检查，同时也可以起到防范风险的作用。

第二，对环境保护措施的管理。施工单位应当采取下列防止环境污染的措施：

①妥善处理泥浆水，未经处理不得直接排入城市排水设施和河流；

②除设有符合规定的装置外，不得在施工现场熔融沥青或者焚烧油毡、油漆以及其他会产生有毒、有害烟尘和恶臭气体的物质；

③使用密封式的圈筒或者采取其他措施处理高空废弃物；

④采取有效措施控制施工过程中的扬尘；

⑤禁止将有毒有害废弃物用作土方回填；

⑥对产生噪声、振动的施工机械，应采取有效控制措施，减轻噪声扰民。

（二）施工法律风险

施工阶段涉及的风险非常广泛。除了从管理学的角度进行风险识别，还可以从法律角度对施工阶段的风险进行识别。

1.建筑物施工相邻关系

相邻关系，也称不动产相邻关系，它是指不动产相互毗邻的各所有权人或使用权人，在行使不动产所有权或使用权时，因相互间应当给予对方方便或者接受限制而发生的权利义务关系。例如，相邻各方行使权利时应当注意防止对相邻他方的损害，低地相邻一方应当允许高地相邻他方通过其土地排放积水，相邻他方应当在法律规定的范围内允许相邻一方使用其土地，相邻各方在建房或者设置地下管线、分界墙、分界沟以及种植植物时应当依法处理好相互间的关系。《民法典》第二百八十八条规定："不动产的相邻权利人应当按照有利生产、方便生活、团结互助、公平合理的原则，正确处理相邻关系。"《民法典》第二百九十条规定："不动产权利人应当为相邻权利人用水、排水提供必要的便利。对自然流水的利用，应当在不动产的相邻权利人之间合理分配。对自然流水的排放，应当尊重自然流向。"《民法典》第二百九十二条规定："不动产权利人因建造、修缮建筑物以及铺设电线、电缆、水管、暖气和燃气管线等必须利用相邻土地、建筑物的，该土地、建筑物的权利人应当提供必要的便利。"《民法典》第二百九十五条规定："不动产权利人挖掘土地、建造建筑物、铺设管线以及安装设备等，不得危及相邻不动产的安全。"《民法典》第二百九十六条规定："不动产权利人因用水、排水、通行、铺设管线等利用相邻不动产的，应当尽量避免对相邻的不动产权利人造成损害。"

建筑物相邻关系是不动产相邻关系最重要的表现形式，而建筑物施工相邻关系则是相邻关系在建设工程施工过程中的具体表现，由建筑物施工相邻关系所形成的权利可称为建筑物施工相邻权。建筑物施工相邻权的特点：

①建筑物施工相邻权是对相邻不动产所有权的限制或延伸，属自物权性质；

②建筑物施工相邻权的内容由法律直接规定；

③建筑物施工相邻权发生在毗邻的不动产所有权人或使用人之间，既包括土地相邻关系，也包括建筑物相邻关系。

根据建筑物施工相邻关系的内容，结合工程实践，建筑物施工过程中的法律风险主要表现为建筑施工的侵权责任。

第一，越界建筑。越界建筑有两层含义：

①作动词讲，即在建筑施工时超过规划审批的地基红线，侵占他人的土地使用权；

②作名词讲，即建筑的外沿投影超出原建筑地基审批红线宽度或高度超过审批限度的建筑。

事实上，后者是前者的结果状态。依照法律规定，由于越界建筑侵犯了他人的土地使用权，应当恢复原状或者赔偿损失。由于建筑物本身的特性，在建造过程中如果被侵害人提出异议，可以恢复原状。但是，在建筑施工完成以后，如果进行拆除而恢复土地原状必然造成更大经济损失的话，实践中一般采用赔偿被侵害人损失的方式予以弥补。

第二，环境污染。在建筑施工过程中，有关单位应当进行环境管理，注重保护环境，对废水、扬尘、噪声、建筑垃圾物等进行有效的管理。在现实生活中，建筑施工，特别是夜间施工所产生的噪声是引起纠纷的主要原因。

环境污染属于特殊的侵权行为，它适用无过错责任原则。所谓无过错责任，是指当损害发生以后，既不考虑加害人主观上是否存在过错，也不考虑受害人主观上是否存在过错的一种法定责任形式，只要有损害发生就应补偿受害人所遭受的损失。无过错责任原则只适用于法律有特别规定的情形。如果环境污染是不可抗力事件引起的，可以免除加害人的民事责任。

第三，高度危险作业。高度危险作业侵权责任是一种特殊的侵权责任。高度危险作业是危险性工业的法律用语，是指在现有的技术条件下，人们还不能完全控制自然力量和某些物质属性，虽然以极其谨慎的态度经营，但仍然有很大的可能造成人们的生命、健康以及财产损害的危险性作业。在建设工程施工过程中，由于存在着高空作业，尽管施工人员以极其谨慎的态度进行作业，但是由于技术条件的限制、自然环境的变化等因素，由高空作业而致人损害的风险依然存在。

《民法典》第一千二百四十条规定："从事高空、高压、地下挖掘活动或者使用高速轨道运输工具造成他人损害的，经营者应当承担侵权责任；但是，能够证明损害是因受害人故意或者不可抗力造成的，不承担责任。"可见，除不可抗力事件外，受害人故意也是高度危险作业致害损害的免责事由。需要说明的是，高度危险作业致害损害是指对周围环境的致害，即对他人致害，而不是对自己致害。因此，在建设工程施工过程中，高度危险作业致施工人员自身损害的，其民事赔偿关系尽管也成立，但是这种赔偿关系不是特殊侵权责任，而是劳动保险赔偿责任，应当依据劳动保险法律规定进行索赔。

第四，地面施工作业。地面施工作业侵权责任也是一种特殊侵权责任。地面施工致害的发生通常是由于施工人违反了对他人应当尽到的注意义务。换言之，施工人在施工过程中，应当注意到他人的安全，为了使他人不因施工而遭受不合理的损害，施工人应当采取必要的安全保护措施。

地面施工致害责任适用过错推定原则。所谓过错推定原则，是指如果受害人能够证明其所受的损害是由加害人所致的，而加害人不能证明自己没有过错，则应推定加害人有过错并应承担民事责任。过错推定原则本质上仍然属于过错责任原则，只是认定过错的方法有所不同。地面施工致害责任除施工人证明自己没有过错可以免责外，在不可抗力、受害人故意等一般免责条件下也是可以免责的。

第五，其他侵权形式。从事建筑施工的土地使用权人在其土地上进行挖掘、修建建筑物或其他施工作业时，如果危及相邻他方的土地或建筑物的正常使用和人身安全，相邻他方享有请求其排除危险、恢复原状及赔偿损失的权利。在这里，相邻他方的土地和建筑物不仅包括地表及地表以上部分，还应当包括地表以下一定范围的空间。在现实生活中，此类侵权行为相当普遍。究其原因，主要有以下三个方面：

①施工方存在过错，施工方式不正确甚至野蛮施工导致相邻他方遭受损害，如过量抽取地下水导致相邻他方房屋下陷；

②相邻他方存在过错，虽然施工方合理地进行施工，但是相邻他方擅自改变自有建筑物的结构，从而导致施工方面临危险；

③自然原因，如大风、暴雨等自然灾害。

2.合同的变更、转让与终止

合同变更是在合同没有履行或者没有全部履行之前，当事人对合同约定的权利义务进行局部调整，通常表现为对合同某些条款的修改和补充，包括标的数量和质量的变更，价款和报酬的变更，履行期限、地点及方式的变更等。合同变更的法律效力主要体现在以下三个方面：①当事人应当履行变更后的合同内容；②合同变更只对合同未履行的部分有效，对已履行的合同内容不产生法律效力，即合同的变更没有溯及力；③合同变更不影响当事人请求赔偿损失的权利。

建设工程施工合同的变更有广义和狭义之分。狭义的变更是指建设工程施工合同内容的变更，即在主体不变的情况下，对建设工程施工合同某些条款进行修改和补充。广义的变更除包括建设工程施工合同内容的变更外，还包括建设工程施工合同主体的变更，即由新的主体取代原建设工程施工合同的某一主体，这实质上是建设工程施工合同的转让。建设工程施工合同的变更是指狭义的建设工程施工合同变更，即建设工程施工合同内容的变更。建设工程施工，尤其是大型的建设工程施工，由于工程量大、工期长、不可预见的因素较多，常常发生一些与合同文件内容不一致的情况，这就需要对合同进行修订，就可能引起合同变更风险的发生。

按照提出变更的主体不同，合同变更可分为设计单位提出设计变更、施工单位提出工程变更和建设单位（业主）提出工程变更，这些变更各自呈现不同的特点。

设计单位应当在施工前进行施工图的交底，施工单位按照设计图纸施工。但是，施工过程中往往会出现许多设计者想不到的问题，或者当设计单位发现设计存在疏漏时，需要对设计进行变更。

施工单位提出工程变更，主要有以下几种情况：

①不可抗力。这是指自然因素导致施工现场条件发生变化。有些工程施工受自然条件的影响很大，如水利施工。对这类建筑施工，无论是承包商还是业

主都不可能完全掌握施工中面临的环境改变。例如，施工中地下水位上升造成排水困难，或者岩石地基突然出现碎裂带等。这些问题常常和合同约定的条件有实质性区别，因此，需要补充合同条款并增加相应的工程施工费用。

②施工单位提出技术修改。在施工过程中，在不修改图纸的情况下，施工单位对某些建筑材料的使用提出变动。

在工程施工过程中，建设单位（业主）为了加快工程建设进度、降低工程造价或自身的其他原因，对原设计图纸、使用材料或具体施工步骤进行了调整，此时也需要对合同内容进行变更。

建设工程施工合同变更风险主要表现在以下两个方面：

一方面，口头变更未经过书面形式确认。口头变更是工程施工过程中十分常见的一种现象。为了应对施工现场的突发性事件以及一些其他不能及时订立书面变更协议的情况，工程师往往采用口头形式对变更内容予以确定。一般而言，工程师应当在口头变更后及时予以书面形式的确认，承包商对未及时给予书面形式确认的变更，应当向工程师提出书面确认要求。但是，在工程施工实践中，迫于业主的压力，很多情况下工程师可能会否认曾经发布的口头变更指令，由此产生了纠纷。

另一方面，变更未遵守法定的形式。合同自由同样适用于建设工程施工合同的协议变更领域。但是，并不是说国家对当事人变更建设工程施工合同不进行任何干预。对于一些特定的建设工程施工合同，依照法律规定应当履行批准或者登记手续的，当事人在达成建设工程施工合同变更协议后应到相应的部门办理批准或登记手续，否则，不发生变更建设工程施工合同的预期法律效果。《建设工程质量管理条例》第十一条规定，施工图设计文件未经审查批准的，不得使用；《建设工程勘察设计管理条例》第二十八条规定，建设工程勘察、设计文件内容需要作重大修改的，建设单位应当报经原审批机关批准后，方可修改。《民法典》第七百九十二条规定，国家重大建设工程合同，应当按照国家规定的程序和国家批准的投资计划、可行性研究报告等文件订立。据此，国家重大建设工程施工合同的变更，若涉及内容的重大变化，如规模的扩大、工期的变化、质量标准的改变等,都必须按订立合同的程序进行审批后方可变更。因此,未遵守法定形式而进行合同变更,可能会导致变更行为无效而引起合同当事人双方的纠纷。

建设工程施工合同转让是指在不变更合同内容的前提下,将建设工程施工合同规定的权利、义务或者权利义务一并转让给第三方,由受让方承担建设工程施工合同的权利和义务。习惯上,建设工程施工合同转让也称为建设工程施工合同主体的变更。建设工程施工合同转让体现了债权债务关系是动态的财产关系这一特性。建设工程施工合同转让必须以建设工程施工合同有效为前提,否则,建设工程施工合同转让就没有合法的依据。在实践中,合同主体变更容易引起一系列法律风险,例如,有些企业通过合同主体的变更、注销来达到逃避合同义务的目的,对此合同当事人应当给予足够的重视。

建设工程施工合同的终止,也称建设工程施工合同的消灭,是建设工程施工合同权利义务终止的简称。它是指由于发生一定的事由导致建设工程施工合同的效力归于消灭,合同双方当事人之间的法律关系不复存在,当事人根据该建设工程施工合同而享有的权利和应承担的义务也归于消灭。建设工程施工合同的终止不同于建设工程施工合同的变更和转让。建设工程施工合同的变更是指对建设工程施工合同的补充和修改,而建设工程施工合同的转让是指建设工程施工合同主体的变化,无论是变更还是转让,建设工程施工合同的法律关系都依然存在。而建设工程施工合同的终止,则是消灭了建设工程施工合同的法律关系,即合同权利和义务终止。在实践中,建设工程施工合同施工阶段合同终止主要缘于合同的解除。建设工程施工合同的解除,是指在建设工程施工合同依法成立后,尚未履行或者未全部履行前,当事人基于协商、法律规定或者约定事由的出现,使合同终止及合同的权利义务关系归于消灭的一种行为。建设工程施工阶段解除合同往往会给当事人造成巨大的经济损失,而引起此阶段合同解除风险发生的原因主要有下列几个:

第一,不可抗力。不可抗力是指不能预见、不能避免并且不能克服的客观情况,一般包括自然原因和社会原因,前者如洪水、台风、地震、火灾、旱灾、海啸等，后者如战争、暴乱等。由于不可抗力事件导致建设工程施工合同目的不能实现的，允许解除建设工程施工合同。以上所有现象均是当事人意志以外的原因引起的，当事人尽管尽了最大努力，但也是不能预见、不能避免并且不能克服。换言之，不可抗力事件的发生，并非当事人的过错。建设工程施工合同属于继续性合同，其履行周期长，履行过程受自然环境、社会环境的影响也特别大，在合同履行的过程中出现一些不可抗力事件是极为可能的。因此，必须严格把握不可抗力事件与合同目的能否实现之间的关系，才能正确地适用合同法定解除的这一条件。

第二，一方违约。在下列情况下，守约方有权解除建设工程施工合同：在合同履行期限届满之前，一方当事人明确表示或者以自己的行为表明不履行主要义务的；当事人一方迟延履行主要债务，经催告后在合理期限内仍未履行，另一方当事人可以解除合同；当事人一方迟延履行债务或者有其他违约行为致使合同目的不能实现的，另一方当事人可以解除合同。

凡是根据国家基本建设计划签订合同的，国家基本建设计划取消时，合同即因丧失履行或者继续履行的基础而解除。

此外，当事人对合同终止后的风险因素也应当有充分认识，这些风险因素主要来源于：

①建设工程施工合同终止后，双方当事人的权利义务从实际履行的角度上讲归于消灭，但是双方的权利义务关系特别是债务关系却并未因此而全部了结，建设工程施工合同的有些条款也并不因此自然失效，如清理或结算条款、解决争议条款等；

②债务人向债权人履行债务后，应当向债权人索取债务已经清偿的书面证明，否则对债务人而言存在法律风险；

③合同权利义务终止，并不等于所有的义务都归于消灭。

二、建设工程施工阶段的合同风险处理

（一）充分行使施工合同当事人的法定权利

没有任何风险因素的建设工程施工合同是不存在的，风险因素的存在就意味着损失可能发生。虽然依法成立并有效的建设工程施工合同应该得到诚实履行，但是如果依约履行合同将明显地导致损失发生或者不能实现合同目的，要求当事人履行合同义务则有违公平正义的私法理念。为贯彻和维护公平正义的私法理念，法律赋予诚实的合同当事人某些法定权利。这些法定权利的行使将有效地维护当事人的合法权利，同时，也免除了当事人在正常情况下应当承担的合同责任。所以，在出现特定的情形时，建设工程施工合同当事人应当敢于运用法律赋予的权利以降低损失发生的概率或减轻损失发生的程度。在建设工程施工过程中，法律赋予当事人的法定权利主要是抗辩权和解除权。

1.同时履行抗辩权

同时履行抗辩权，又称不履行抗辩权，是指建设工程施工合同当事人一方于他方未为对待给付时，自己可以拒绝给付的权利。设立同时履行抗辩权的目的在于授权当事人一方以不履行义务对抗对方所提出的履行或承担违约责任的请求，其本质在于维护建设工程施工合同的公平。例如，甲乙双方约定甲方有给付工程材料款的义务，乙方有提供符合合同要求的工程材料的义务，但没有约定谁先给付。因此，甲方在乙方未提供材料之前可以拒绝支付货款，乙方在甲方未支付货款之前也可以拒绝提供材料。

同时履行抗辩权属于延期抗辩权而非永久抗辩权，因此，其效力仅在于暂时阻止对方当事人请求权的行使。当对方当事人完全履行合同债务，同时履行抗辩权即行消灭，当事人应当履行自己的债务。当事人行使同时履行抗辩权致使合同迟延履行，迟延履行的责任也由对方当事人承担。

行使同时履行抗辩权必须具备一定条件：

①双方当事人的债务因同一建设工程施工合同而发生；

②两项给付没有先后顺序；

③双方当事人互负的债务履行期均已届满；

④对方当事人未履行债务或未按约定履行债务；

⑤对方的对待给付尚属可能。

2.先履行抗辩权

先履行抗辩权是指当事人互负有先后履行顺序的债务，先履行一方未履行之前，后履行一方有权拒绝其履行请求；先履行一方履行不适当的，后履行一方有权拒绝其相应的履行请求。先履行抗辩权的成立不以合同的对待给付为限。只要一方的履行是另一方履行的先决条件，后履行者就可以行使先履行抗辩权，因此，在互为对价的两项债务中，负有先履行义务的一方不履行，另一方便可行使先履行抗辩权。例如，甲乙双方约定由乙方承建一项室内装饰工程，甲方按照工程进度分期给付工程款，最后一期工程款在乙方完工并经验收合格时支付。如果乙方在工程竣工经验收合格之前请求甲方支付最后一期工程款，那么甲方就可以乙方未完工并经验收合格而拒绝支付工程款。此时，甲方行使的就是先履行抗辩权。

3.不安抗辩权

不安抗辩权是指在建设工程施工合同中，负有先履行义务的一方在后履行一方当事人的财产状况发生恶化，有难以为对待给付之虞时，可以要求对方先为对待给付或者提供担保，在对方未为对待给付或提供担保时，依法享有的拒绝履行的权利。不安抗辩权的构成要件：

①双方债务因同一建设工程施工合同而发生；

②享有不安抗辩权的主体是负有先履行义务的一方当事人；

③对方财产状况明显恶化，有不能为对待给付的现实危险。

　　针对"有不能为对待给付的现实危险",必须注意以下几点:

　　①该危险是客观存在的,这是不安抗辩权产生的基础;

　　②该危险可能是由破产、意外事故等所致,也可能是由于内部人员渎职,使财产急剧减少,从而危及建设工程施工合同的履行;

　　③在后履行一方本身财产状况恶化,但在订立建设工程施工合同时为自己的履行提供了可靠担保时,先履行一方当事人不能行使不安抗辩权;

　　④该危险应当发生在建设工程施工合同订立后;

　　⑤该危险主要表现为经营状况严重恶化,有丧失或者可能丧失履行债务能力的其他情形。

　　行使不安抗辩权的主体负有证明对方财产状况恶化并足以危及自己获得对待给付的证明责任。当事人没有确切证据中止履行的,应当承担违约责任。不安抗辩权是建设工程施工合同一方当事人依法享有的权利,不以对方当事人同意为必要,但是应及时通知对方当事人。当对方提供适当担保时,应当恢复履行。中止履行后,对方在合理期限内未恢复履行能力并且未提供适当担保的,中止履行的一方可以解除建设工程施工合同。

　　建设工程施工合同的解除有协商解除、约定解除和法定解除三种形式。协商解除要求合同当事人在合同履行过程中协商一致,约定解除要求合同当事人在合同中事先约定合同解除的情形,法定解除则直接由法律规定合同解除的情形。

　　建设工程施工合同的解除权就是合同当事人依法或者依约定而享有的使合同关系消灭的权利。解除权属于形成权,当条件具备时,权利人只需要单方面的意思表示即可使合同关系消灭,而不需要合同相对方的同意。解除权有约定解除权和法定解除权之分。约定解除权是指合同当事人事先在合同中约定,在出现特定情形时,一方当事人享有解除合同的权利。法定解除权是指法律直接规定的,在出现特定情形时,一方当事人享有解除合同的权利。约定解除权的行使要件由当事人在合同中事先约定,而法定解除权的行使要件则由法律直接规定。在此主要讨论法定解除权。

行使建设工程施工合同的法定解除权主要有以下情形：

①因不可抗力致使不能实现合同目的；

②在履行期限届满前，当事人一方明确表示或者以自己的行为表明不履行主要债务；

③当事人一方迟延履行主要债务，经催告后在合理期限内仍未履行；

④当事人一方迟延履行债务或者有其他违约行为致使不能实现合同目的；

⑤法律规定的其他情形。

（二）加强施工合同实施过程控制

建设工程施工过程是合同的实施阶段，对合同实施过程进行控制，避免合同目标的偏离，是施工阶段合同风险防范的有力措施。合同实施过程控制的最大特点是它的动态性。这个动态性表现在以下两个方面：①合同实施受到外界干扰，常常偏离目标，要不断进行调整；②合同目标本身不断变化，例如，在工程实施过程中不断出现合同变更，使工程的质量、工期和成本发生变化，使合同双方的权利义务发生变化。因此，合同控制必须是动态的，随合同实施中的变化不断进行调整。

施工合同实施过程控制主要包括以下几个步骤：

1.合同分析

合同分析是指从执行的角度分析、补充、解释合同，将合同目标和合同规定落实到合同实施的具体问题和具体责任人上，使之可以用来指导具体的工作，使工程施工符合合同的要求。

合同分析具有以下两个方面的重要作用：

①分析合同漏洞、解释争议内容。工程施工的实际情况千变万化，一份再完美的合同也难免会有漏洞，何况许多施工合同由发包人自行起草，条款简单，对施工中可能发生的情况都未作详细和合理的约定。在这些情况下，通过合同

分析，将分析的结果作为合同履行依据就非常有必要了。在施工过程中，合同双方常常会就具体的问题产生争议。按照合同条文的表达，分析合同得到的结果将为以后争议解决和索赔提供依据。

②简化合同，便于合同交底。在实际施工过程中，不可能做到施工人员人手一份合同，如果合同条文繁多，将会影响施工人员对自己所属合同责任的理解。通过合同分析，可以将繁杂的合同条文以简单易懂的形式呈现在相关人员面前，便于合同控制的进行。

2.合同交底

合同交底是指在建设项目施工之前，应深入分析合同内容，把合同责任落实到具体工作上。与合同分析一样，合同交底也是施工中进行合同控制的基础。

3.合同实施监督

合同监督可以保证合同实施按照合同和合同分析的结果进行。

4.合同跟踪

合同跟踪是合同控制的主要手段。在工程施工过程中，由于实际情况千变万化，总会出现与最初合同目标的偏差，因此在合同实施过程中应当对其进行跟踪，以便在其出现偏差时根据合同和合同分析的结果以及当时所处的客观条件和面临的问题，及时采取相应的调整措施，使合同的实施能够在预期的轨道上顺利进行。

第二节　建设工程竣工验收阶段的
合同风险防范

一、建设工程竣工验收阶段的合同风险识别

（一）隐蔽工程验收的风险识别

1.隐蔽工程及其验收程序

在建设工程施工过程中，某一道工序所完成的工程实物，被后一道工序形成的工程实物所隐蔽，而且不可以逆向作业，前者就被称为隐蔽工程。隐蔽工程被后续工程隐蔽后，其施工质量就很难检验和认定。因此，在隐蔽工程被后续工程覆盖前，建设单位或者其委托的监理单位应对隐蔽工程的施工质量进行验收。隐蔽工程验收是保证工程内在质量的一项基本措施，也是所有的建设工程都必须执行的一道程序，只有隐蔽工程通过了验收，才能被后续工程所隐蔽、覆盖，否则就要返工整改，直到符合验收标准为止。房屋建筑工程中的基础工程、地下防水工程、屋面防水工程、电气管道工程等都属于隐蔽工程。

（1）隐蔽工程的特点

①它是质量控制过程中必不可少的一项重要环节。隐蔽工程的验收合格是后续工程能够顺利进行的必要条件，也是整个建设工程竣工验收合格的基础。对隐蔽工程而言，如果未经验收或者验收不合格便将其隐蔽进行下一道工序，那么不但整个建设工程质量可能不能达到法定或者约定的标准，而且无论是对建设单位还是施工单位而言，对隐蔽工程进行返工修改的花费都将是巨大的。

②隐蔽工程存在于各类工程和大部分分部工程中。建设工程是一个非常复

杂的过程，牵涉各种工序，隐蔽工程不可避免，常见的有混凝土工程中的地下防水工程、供暖供冷工程、地下室建设工程等。隐蔽工程的质量控制和监督，对保证整个建设工程的质量和顺利通过竣工验收是十分必要的。

③隐蔽工程一般具有不可逆转性。首先，隐蔽工程不可逆转作业，必须先完成隐蔽工程的施工并经验收合格后才能进行下一道工序，而不能先进行其他工序的作业，最后完成隐蔽工程作业。其次，大部分隐蔽工程的质量检查与补救是不可逆转的。隐蔽工程完成后，在其之上进行了其他工序的作业，隐蔽工程也自然隐藏，如果其质量出现问题，那么对其检查和补救都是十分困难的，有些工程甚至是无法补救的。

④影响隐蔽工程质量的因素繁多。隐蔽工程质量不仅与直接管理、施工操作人员的素质有关，而且受到其他因素的影响，只要其中一个环节出现问题，那么隐蔽工程的质量都将无法保证。

（2）隐蔽工程的验收程序

第一，隐蔽工程施工完毕后，承包人首先组织人员对隐蔽工程进行自检，自检合格后填写《报验申请表》，并附上相应的隐蔽工程检查记录、有关材料证明、试验报告、复检报告等，报送建设工程监理单位申请验收。

第二，监理工程师在收到隐蔽工程报验申请后，组织监理人员对申报资料和质量证明等文件资料进行书面审查，主要包括：

①申请验收的部位是否准确填写；

②相关材料证明和试验报告等是否符合规范要求，包括材料本身的性能，检验的数量、频率等；

③所报资料是否完整、是否有遗漏、是否真实；

④所报资料中应当由承包人签章的部分是否已经签章完毕，要杜绝"后补签字"。

第三，监理单位按施工单位书面通知中确定的时间或施工合同明确的时限对隐蔽工程进行现场检查验收。在此过程中，应当注意以下问题：

①参加隐蔽工程验收的人员都要到场，包括监理方的工作人员、该隐蔽工

程的项目技术负责人、质检员等，如果有分包或者交叉配合的，还需要这部分的施工技术人员、质量检验人员参加，如果是重要的隐蔽工程验收，还必须事先通知建设单位、工程质量监督机构、设计人员到场；

②必须有检测、检查工具，对隐蔽工程进行实际测量或者现场试验，详细记录验收过程；

③现场验收的重点，包括隐蔽工程是否符合设计文件所设计的标准，是否符合专业技术规范、规程和验收标准，工程实物是否与申报的资料相符合。

第四，通过资料审查和现场实地检验，如符合质量要求，监理工程师应当在《报验申请表》及工程检查证（或者隐蔽工程检查记录）上签字确认，准许施工单位进行隐蔽覆盖，进入下一道工序。如果验收不合格，监理工程师应当签发《监理工程师通知单》指令施工单位进行整改，在整改过程中，监理工程师应当进行监督检查，重要部分还要实施旁站监理。对整改工程，施工单位自检合格后再报监理工程师复查。如果监理工程师发出监理通知而施工单位置之不理甚至强行施工，监理工程师应当向发包人报告。

2.发包人未及时验收隐蔽工程

在工程实务中，由于发包人未及时验收隐蔽工程导致承包人迟迟不能进入下一步工序而使工程延期，或者发包人不及时验收隐蔽工程导致承包人在隐蔽工程未经验收不能保证质量的情况下强行进行下一道工序，这样的情况时有发生，这也是发包人未能及时验收隐蔽工程所产生的主要风险。

（1）发包人未及时验收隐蔽工程引起的风险的特征

①发包人未及时验收的原因具有多样性。导致发包人未及时验收隐蔽工程的原因可能是承包人疏忽大意，也可能是发包人怠于验收。对于发包人不能按照承包人提请验收的日期验收的，应在验收前 24 小时以书面形式向承包人提出延期要求，延期不能超过 48 小时。经监理工程师验收，工程质量符合标准、规范和设计图纸等要求，验收 24 小时后，监理工程师不在验收记录上签字，视为监理工程师已经认可验收记录，承包人可以继续施工。

②发包人不及时验收隐蔽工程应当承担由此引起的风险损失。如果是发包

人的原因导致隐蔽工程不能及时验收而发包人又未请求延期验收的，发包人应当为此承担风险损失，即监理工程师未能在承包人提请验收时间的 24 小时之前提出延期要求也不进行验收的，承包人可自行组织验收，监理工程师应承认验收记录。如果由承包人自行验收，那么承包人既是建设者又是验收者，将无法保证隐蔽工程的质量，如果监理工程师未能及时验收而承包人自行验收又谎报验收结果，那么发包人将会承担巨大的风险。

③发包人行使复检权需要承担风险。一旦监理工程师由于未及时验收而承认承包人的验收结果而又不能亲自确认隐蔽工程的质量，为避免建设工程完工后发生更大的质量风险责任，发包人或者监理工程师就需要行使复检权。即无论监理工程师是否参加验收，当其要求对已经隐蔽的工程重新检验时，承包人应按其要求进行剥离或开孔，并在检验后重新覆盖或者修复。检验合格的，发包人承担由此发生的全部费用，赔偿承包人的经济损失，并相应顺延工期。检验不合格的，承包人承担由此发生的全部费用，工期不予顺延。由于复检的结果不可预知，因此发包人也面临风险。

（2）导致发包人未及时验收隐蔽工程的风险因素

①发包人对隐蔽工程的验收重视不够。发包人通常将精力集中在建设工程竣工验收上，对隐蔽工程的验收不够重视，一再拖延验收时间甚至怠于验收，从而导致其最后可能承担质量风险和复检风险。

②发包人与承包人通过约定改变隐蔽工程的验收方式。发包人通常无暇顾及并不属于主要部分的隐蔽工程建设及验收，在隐蔽工程验收之时通常与承包人约定验收方式。

此外，行使复检权也将使发包人面临风险。复检权通常是在发包人无暇验收隐蔽工程而由承包人自行验收之后，发包人对该验收结果不够信任的情况下行使的。虽然发包人行使复检权有利于保证工程质量，却是无奈之举。对于复检结果，总有一方会因此承担风险责任。

（二）未经竣工验收或验收不合格即投入使用的风险识别

工程整体竣工后，建设工程竣工验收主体应当负责对建设工程质量进行检验和评价。由于建设工程属于发包人的财产，对该财产的检验和评价与发包人的利益密切相关，因此组织有关人员和单位进行验收应当是发包人的义务。从建设工程施工合同本身来看，承包人只是施工方，并不是建设工程的所有人，当建设工程完成后，工程项目应当由承包人交付给发包人，也应当由发包人组织竣工验收。因此，建设工程竣工验收的主体应当是发包人。

建设工程未经竣工验收或者验收不合格即投入使用的风险形态主要表现为以下几点：

①发包人不及时对建设工程进行竣工验收；

②发包人将竣工验收的义务转嫁给承包人后，即开始使用建设工程；

③建设工程经验收不合格后，发包人仍然使用建设工程，结果在使用后发现质量问题，从而引发纠纷。这类纠纷通常是工程质量纠纷，解决纠纷的基本方法是根据双方合同的约定和法律法规的相关规定，确定双方的过错，从而进行合理的责任分担。

建设工程施工合同是典型的双务有偿合同，对竣工的建设工程进行验收既是发包人的权利，也是发包人的义务。除此之外，对经验收合格的建设工程，发包人负有对承包人的付款义务。而保证建设工程按时竣工并通过竣工验收是承包人的义务。当建设项目通过验收后，承包人享有要求发包人支付工程尾款的权利。从发包人的义务角度看，对于已经竣工的建设工程，发包人必须及时组织验收。如果是由于发包人没有及时组织验收而造成承包人损失的，发包人应当赔偿承包人的损失并承担违约责任。而从发包人和承包人互负权利义务的角度看，只有发包人行使了验收的权利并且建设项目通过验收（也是在履行验收的义务）后，发包人接收了建设项目，才意味着承包人履行完毕建设工程施工合同所约定的义务。一般而言，由于发包人未经验收而提前使用建设工程或者明知验收不合格仍然使用建设工程所造成的质量缺陷，即使在质量保修期内属于保修的项目，也应当由发包人承担责任。只有在质量问题属于承包人在建设过程中由于施工原因所导致的地基质量问题或者主体工程质量问题，并且质量问题的出现与发包人提前使用建设工程并无因果关系时，才应当由承包人承担责任。在司法实践中，往往需要专业机构对质量问题的成因进行专门的鉴定才能判断责任的归属。

二、建设工程竣工验收阶段的合同风险处理

对建设工程竣工验收阶段的合同风险进行管理，目的是降低相关风险事故发生的概率。而欲达到这一目的，必须针对本阶段所存在的风险采取相应的处理措施。针对前文所述的风险，当事人一般可以采取以下风险处理措施。

（一）损失预防

在损失发生前，为消除可能引起损失的各项因素，可以采取损失预防的具体措施。之所以采取损失预防而不采取风险避免方法，主要是因为损失预防并不能消除损失发生的可能性，只能最大限度地将损失发生的可能性降低，而风险避免则是使损失发生的可能性降为零。如果采用风险避免，那么唯一的方法就是承包人拒绝承接工程项目，这显然是不可能的。

对于损失预防，可以从以下几个方面着手：

1.工程物理法

工程物理法主要从建设工程的客观方面入手，保证工程质量。例如，保证隐蔽工程使用建材的质量，改良隐蔽工程的设计质量，预设好隐蔽工程维修处理的方法，严格把关每一道工序，最大限度地将质量风险隐患消灭在萌芽状态。

2.人们行为法

人们行为法主要以人们的过失行为作为预防损失的出发点，通过风险管理知识教育、操作规程培训等方法控制损失。隐蔽工程施工最终是由人完成的，

施工人员的技术和素质是影响隐蔽工程质量的重要因素。通过施工技能培训可以提升施工人员的技术水平，降低由于施工人员技术水平不高而导致的隐蔽工程质量缺陷发生的概率。

3.规章制度程序法

规章制度程序法是指通过国家制定的相应的规章制度，以及发包人和承包人订立的建设工程施工合同，约定质量责任承担的主体、客体、内容，通过制度和合同责任约束当事人双方的行为，预防质量风险的出现。此种方法在工程施工中运用得十分广泛。建设工程施工合同是在施工行为开始之前订立的，通过建设工程施工合同的条款明确在不同情况下不同的责任主体，是一种典型的损失预防行为。

众所周知，建设工程体系庞大，影响工程质量的因素繁多，隐蔽工程质量是否合格也是评定建设工程整体质量是否合格的重要因素之一。如果因为隐蔽工程质量问题导致整个建设工程质量出现问题，由于建设工程已经完工，而隐蔽工程具有隐蔽性和不可逆转性，可能无法对其进行修补，发包人面临的风险损失可能是巨大的。因此，当发包人没有及时对隐蔽工程进行验收或者对已经验收的隐蔽工程质量仍有疑虑，不能确定隐蔽工程质量是否符合法定或者约定要求时，发包人仍然有权对已经覆盖的隐蔽工程进行剥离复检，以预防更大的风险损失。

（二）损失抑制

事故发生时或发生后，采取措施减小损失发生范围或降低损失严重程度，此种措施称为损失抑制。在风险事故已经发生的情况下，风险已经具有不可逆转性，采用抑制方法能有效减小损失发生范围。在隐蔽工程验收质量不合格的情况下，该风险事故已然发生，如何补救是面临的问题。如果隐蔽工程验收不合格，那么承包人应当在工程师限定的时间内修改后重新验收。

如果隐蔽工程没有通过验收，但是承包人已经强行将隐蔽工程覆盖进行后续施工，此时为了避免将来建设工程整体质量出现问题，发包人的复检权可以看作损失抑制的一种手段。当发包人已经对隐蔽工程进行验收但是又发现质量问题时，如果承包人已经将其覆盖，那么通过行使复检权，发包人可以重新对隐蔽工程进行检验，并要求承包人返工，直到质量符合法定或者约定的标准。

第三节　建设工程结算阶段的
合同风险防范

　　建设工程结算是建设工程施工合同履行过程中的最后阶段。该阶段的时间跨度应当从发包人认可承包人提交的竣工验收报告开始，到发包人按约定向承包人支付工程价款并从承包人处接收建设工程为止。至此，建设工程施工合同履行完毕。在此阶段，无论是对发包人还是承包人而言，面临的风险都比较多。归纳起来，存在的风险主要有以下三种情形：

　　①双方确认的结算款与审计确定的决算款不一致；

　　②承包人的优先受偿权与购房人的期待权以及银行对发包人的抵押权相冲突；

　　③发包人拖欠承包人工程款。

　　本节针对双方确认的结算款与审计确定的决算款不一致的风险的识别、特征以及其风险控制进行分析。

一、双方确认的结算款与审计确定的决算款不一致的风险识别

审计是由独立的审计机关检查被审计单位的会计凭证、会计账本、会计报表以及其他与财政收支、财务收支有关的资料和资产，监督财政收支、财务收支是否真实、合法和有效的行为。审计的目的是对公有制投资者的资金进行监督，其职能是行政监督。

在建设工程项目审计中，被审计的单位是国有建设项目的建设单位。在我国向市场经济体制转轨以前，建设单位的建设资金基本上来自国家投资，因此，在建设工程完工后必须由审计单位对建设项目的财政收支进行审计，以保证对国家投资项目资金的使用进行有效监督。我国在向市场经济体制转轨以后，随着建设主体和建设资金来源的多元化，私人主体也参与到建设工程当中，建设单位的概念被扩大，因此，被审计的对象仅仅包括国家投资的建设项目或者国家参与建设的项目，非国有资金作为建设资金来源的建设项目不再作为被审计的对象。《中华人民共和国审计法》（以下简称《审计法》）第二十二条规定："审计机关对国有企业、国有金融机构和国有资本占控股地位或者主导地位的企业、金融机构的资产、负债、损益以及其他财务收支情况，进行审计监督。"

按照我国现行法律和行政法规的规定，对于国有资金投资或者融资的建设项目竣工后的审计主要包括以下程序：

①国有资金投资或者融资的建设项目在按照批准的设计文件所规定的内容建设完工后，应当由建设单位（包括项目法人）根据建设工程设计文件、施工图纸、设备技术说明书以及现行的施工技术验收规范等要求，及时组织验收并编制竣工决算报告和交付使用财产的相关手续；

②在建设单位组织验收的过程中，审计机关应当对建设单位编制的竣工决

算以及其财产交付的情况进行审计监督；

③建设单位应当在编制建设项目竣工决算报告之前书面告知审计机关，在竣工决算报告编出之后，应当及时向审计机关申请竣工决算审计；

④审计机关对建设单位的竣工决算报告进行竣工决算审计后，根据对建设项目的审计结果，依法制作审计意见书、审计决定，并就建设项目审计有关事项向本级人民政府及其有关部门通报审计结果，提出审计意见和建议；

⑤经本级人民政府同意，可以向社会公布建设项目的审计结果。

二、双方确认的结算款与审计确定的决算款不一致风险的特征

建设工程决算款和结算款不一致的情况，仅仅发生在国有资金投资或者融资的建设工程中，在非国有资金作为建设工程资金来源的情况下并不需要审计机关对建设工程进行审计，因此，一般不存在该类风险。该类风险的特征如下：

（一）双方确认的结算款与审计确定的决算款不一致

双方当事人确认的工程结算款与审计机关审计确定的决算款不一致的原因，主要是建设工程决算的程序和内容与建设工程结算的程序和内容不同，导致结算款与决算款之间存在较大差异。正是由于国有资金投资或者融资的建设工程决算审计与建设工程结算审核的程序和内容不一致，建设工程的决算款与结算款不一致的情况时有发生。

建设工程决算审计的目的，是对国有投资项目的真实性、合法性和效益进行控制，以维护国家财政经济秩序，保障国民经济健康发展，其性质属于行政监督。

一般而言，决算审计程序包含下列阶段：

①审计机关制订审计工作计划；②审计机关根据审计计划确定审计对象并拟订工作方案；③审计机关确定审计方式；④审计机关向建设单位发出审计通知书；⑤审计单位根据竣工决算报告进行就地审计；⑥审计机关提出审计报告；⑦审定审计报告；⑧审计机关作出审计决定；⑨进行复审；⑩建立审计档案。

决算审计的内容：①竣工决算编制依据；②项目建设及概（预）算执行情况；③建设成本；④交付使用资产和在建工程；⑤尾工工程；⑥结余资金；⑦基建收入；⑧投资包干结余；⑨竣工决算报表；⑩投资效益评价；⑪其他专项审计。

审计机关主要审查下列内容：①项目建设及概（预）算在具体执行过程中是否超支以及超支的具体原因；②有无隐匿资金情况；③有无隐瞒、截留基建收入和投资包干结余以及以投资包干结余名义私分基建投资之类的违法、违规、违纪行为；④开标、评标、定标及合同的合法性、合理性、公正性以及可操作性的审查和竣工决算审计。

而建设工程结算审核的目的是确认与控制建设工程的造价，以提高经济效益和投资效益，并将结算报告作为发包人向承包人支付工程款的依据。其性质属于工程造价咨询。

建设工程结算的程序：①熟悉施工现场及识读施工图纸、收集整理好竣工资料；②掌握各分部分项工程定额工作内容及工程量计算规则；③计算汇总工程量；④套用定额计算直接费及按规定、合同要求等计取各种费用；⑤作出技术经济分析，列出建材耗用量；⑥写出编制说明。

建设工程结算审核包括下列内容：在工程项目实施阶段，以承包合同为基础，在竣工验收后，结合设计及施工变更、工程签证等情况，按照工程实际发生的工作量作出符合施工实际的竣工造价。

（二）发包人将审计机关确定的决算款作为建设工程的结算款

发包人将审计机关确认的建设工程决算款作为建设工程结算款向承包人支付，混淆了发包人和承包人各自应当承担的义务和责任。

对审计机关和建设单位来讲，由于建设工程的资金来源于国有资金投资或者融资，因此其资金的使用状况和建设工程的财务收支理应受到国家的监督和控制。国家对国有资金使用情况的监督主要通过审计机关进行。审计机关是专门负责对国有单位或者资金运用进行监督的行政部门。审计监督是一种行政行为，是行政系统的自我监督。审计机关对国有资金投资或者融资的建设工程的决算审计是一种国家审计行为，是国家审计机关通过宪法、法律和行政法规的授权而代表国家所实施的审计监督，主要是对建设工程的财务收支进行审计，是对与建设工程有关的经济活动的真实性、合法性所进行的审计监督。

而建设单位与承包人的建设工程价款结算则以建设工程施工合同为基础，依据工程量清单以及国家建设行政主管部门颁发的预算定额、工程消耗标准等因素，在建设工程竣工通过验收后，结合设计变更、工程量计算等其他因素作出的符合建设工程施工实际情况的竣工造价审查结果，这是一种平等主体之间的民事行为。结算结果经过建设单位和承包人确认后，对建设工程施工合同当事人双方都具有同等的法律约束力，审核结果应当作为双方结算建设工程款项的依据。这是一种纯民事意义上的法律行为，通过建设工程的竣工结算，双方的权利义务履行完毕后，建设工程施工合同便告完结。

因此，建设工程决算审计和工程款结算是两种不同性质的行为，前者由公法调整，后者由私法调整，它们各自产生不同的法律关系。对审计机关和建设单位而言，决算审计是行政法上的权利和义务。对建设单位和承包单位而言，工程款结算是民法上的权利和义务。建设单位不能将建设工程决算审计款作为结算款向承包人支付，否则，就错误地将发包人自身应当对国家审计机关承担的义务和责任转嫁到承包人身上。

（三）审计机关强行要求按照审计结论确定的决算款进行支付

审计机关作为国家财务收支的监督者，《审计法》中已经对其审计的对象，即被审计主体的范围作出明确规定。这些审计对象及事项包括：本级各部门（含直属单位）和下级政府（审计监督其预算的执行情况和决算，以及预算外资金的管理和使用情况），中央、审计机关统计的地方各级人民政府（审计监督其预算执行情况），中央银行、国家的事业组织（审计监督其财务收支），国有金融机构、国有企业、国有资产占控股地位或者主导地位的企业（审计监督其财务状况），国家建设项目（审计监督其预算的执行情况和决算），管理社会保障基金、社会捐赠金以及其他有关基金、资金的政府部门以及受政府部门委托的社会团体，管理国际组织和外国政府援助、贷款项目的组织。从以上列举的审计对象及事项可以发现，承包人并不是被审计的对象，承包人与审计机关并没有行政法意义上的监督与被监督关系，审计机关的审计结果并不能对承包人产生直接影响。因此，审计机关无权要求建设单位以其审计的决算款为依据向承包人支付工程款。

尽管承包人不是被审计的对象，但是这并不意味着在审计机关对建设单位进行审计的过程中，承包人不承担任何义务，只是承包人承担的义务不同于作为被审计对象的建设单位而已。换言之，虽然承包人在审计机关对建设单位的决算审计过程中负有接受监督的义务和配合审计的义务，但是其只是在必要情况下才接受审计监督。而且，在通常情况下，审计机关仍然只是负责对建设单位进行审计监督。如果在审计过程中，审计机关并没有对施工单位的财务收支情况进行审计监督，那么也就意味着承包人并不受审计结果的约束。

三、双方确认的结算款与审计确定的决算款不一致的风险控制

双方确认的结算款与审计确定的决算款不一致的风险控制，可以采用损失预防措施。因为这种风险一旦出现，而当事人之间又不能达成一致的话，那么即使是通过诉讼解决问题，对当事人双方来说损失都是不可避免的，这类损失主要是指当事人双方都面临诉讼周期长、诉讼成本高所带来的损失，如果该损失已经发生，当事人双方也无法对该损失进行抑制。

对于该类风险的损失的预防，可以考虑从以下几个方面着手：

（一）正确确定工程的造价，防止工程款结算与决算结果差异过大

工程造价的确定是一个专业性的技术问题，但是在发包人和承包人双方共同确认工程造价的情况下，却更像是一个谈判问题。为了尽可能准确地结算工程款，可以采用住房城乡建设部发布的《建设工程工程量清单计价规范》中规定的与国际惯例接轨的计价模式，即"确定量、市场价、竞争费"。

"确定量"是指在全国范围统一的"项目编码"和"项目名称"之下，采用"统一的计量单位和统一的工程量计算规则"。而"市场价"和"竞争费"则是指彻底地放开价格，将工程量消耗定额中的工、料、机等价格、利润、管理费全面放开，由市场决定价格。而投标企业则根据自身专业技术特长、材料采购渠道以及管理水平等因素，制定出符合企业自身利益的报价。这样，市场上就可以形成有序竞争，确定规范的竞争价格，依据有关规定，由报价不低于成本价的合理低价者中标。总之，尽可能合理地确定工程价款，是防止此类风险出现的有效方法。

（二）审计机关充分理解设计变更并认真审计

对工程建设过程中的设计变更或者工程量增加，审计机关应当给予充分理解并认真审计。在工程建设过程中，根据实际需要，常常会出现设计变更和工程量增减。实际工程结算价款以及决算价款，都应当根据实际工程量和最后采用的设计进行计算。《建设工程工程量清单计价规范》确认在从约原则和意思自治原则下双方互相妥协，讨价还价，这是确定正确的工程造价的基本方法。

审计机关作为行政监督机构，对被审计单位的行为适用行政法进行规范；而建设工程款的结算是发包人与承包人就建设工程的造价进行的确认，属于民事行为，适用民事法律规范进行调整。行政法调整的是以命令和服从为特征的国家行政管理关系，行政主体之间的地位具有不平等性；而民法调整的是平等主体之间的人身关系和财产关系，主体之间的平等性是其区别于行政法的主要特征。在我国的法律体系中，《审计法》约束的是审计机关、行政机关以及授权管理、使用国有资产的主体，因此，行政法的主体不能越权干涉民事行为，作为行政监督机构的审计机关必须明确该项原则。由于施工过程的复杂性和长期性，为了适应工程进度和实际情况，发包人和承包人根据需要变更合同内容的情况是常见的，超出合同内容的情况也很多，只要是在不违背原则的前提下，合同双方和监理人通常都会相互理解。因此，在审计决算工程款时，审计机关必须充分考虑建设过程中的变数，根据实际的工程量进行审计监督，如果仅仅以"套用定额子目"偏高为由否定发包人与承包人实际结算的工程款，认为是虚报工程款，这是不恰当的。

发包人和承包人应当做好工程款的结算审核工作。审核不同于审计，工程款结算审核是发包人与承包人按照合同约定，共同审查、核对建设工程财务收支，或者发包人与承包人共同指定审价机构审查、核对建设工程财务收支并结算最终的工程款，以确保工程价款计算的正确性。结算审核主要是以审核工程量是否正确、单价的套用是否合理、费用的计取是否准确三个方面为重点，在施工图的基础上结合合同、招标投标书、协议、会议纪要以及地质勘察资料、工程变更签证、材料设备价格签证、隐蔽工程验收记录等资料，按照有关的文件规定进行核实。

对施工图工程量的审核，重点是熟悉工程量的计算规则：一是分清计算范围；二是分清限制范围；三是仔细核对计算尺寸与图示尺寸是否相符，防止产生计算错误。对工程量签证凭据的审核重点是现场签证及设计修改通知书，应当根据实际情况核实，做到实事求是、合理计量。

套用单价的审核关系到工程造价定额。工程造价定额具有科学性、权威性、时效性，它的形式和内容、计算单位及数量标准应当严格执行，不能随意提高或降低。在审核套用预算单价时，要注意以下问题：

①对直接套用定额单价的审核。一方面，要注意采用的项目名称和内容与设计图纸的要求是否一致；另一方面，工程项目是否重复套用，在采用综合定额预算的项目中，这种现象尤其普遍，特别是项目工程与总包及分包都有联系时，往往容易产生工程量重复计算问题。

②对换算的定额单价的审核。除按上述要求外，还要弄清楚允许换算的内容是定额中的人工、材料或机械中的全部还是部分，换算的方法是否正确，采用的系数是否正确，这些都将直接影响单价的准确性。

③对补充定额的审核。其主要是检查编制的方法是否正确，材料预算价格和机械台班单价是否合理。

需要注意的是，取费应根据当地工程造价管理部门颁发的文件，结合相关文件，如合同、招标投标书等，确定费率。审核时，应注意取费文件的时效性；执行的取费表是否与工程性质相符；费率计算是否正确；价差调整的材料是否符合文件规定。例如，计算时的取费基础是否正确，是以人工费为基础还是以直接费为基础。对于费率下浮或总价下浮的工程，在结算时要特别注意新增项目是否同比下浮等。

总之，在双方确认的结算款与审计确定的决算款不一致风险导致的诉讼中，审计机关对建设单位所作出的审计结论只能作为一种证据存在，在证明力上并没有高于其他证据的效力。如果审计机关有权确定工程造价，并以其确定的审计决算款代替发包人和承包人双方确认的工程结算款，那么这是一种明显的越权行为，不应当具有法律效力。

（三）建立预登记制度，预防权利冲突的发生

对于承包人的优先受偿权，在发包人应当向其支付工程款的期限届满之前，其能否行使并不能确定，只有当发包人未按期向承包人支付双方确认的工程款时，承包人才能行使优先受偿权。需要注意的是，权利的享有和权利的行使并不是一回事，前者是一种主体资格，后者是一种法律行为。因此，为了避免发包人的其他债权人由于不知道承包人是否行使优先受偿权而造成损失，可以考虑建立承包人优先受偿权的预登记制度。

尽管承包人优先受偿权实质上是一种法定抵押权，但是该法定抵押权没有要求必须进行登记。如果不要求该法定抵押权必须进行登记，那么该项权利就会与物权的公示公信原则冲突，而且对一般抵押权人极为不利。因为一般抵押权人在订立抵押合同时并不知道将来是否会存在法定抵押权，由于法定抵押权优先于一般抵押权受偿，如果将来法定抵押权的行使成为现实，势必影响债务人的清偿能力，对一般抵押权人而言并不公平，因此如果能使一般抵押权人知道法定抵押权的存在，那么一般抵押权人在与发包人形成债权债务关系时必然会慎重考虑制定最符合自身利益的方案，这也有利于经济社会的稳定。

承包人优先受偿权的预登记，是在承包人承包工程以后，通过中立的、专门的第三方评估机构对工程款作出一个大概的最高额估计，并对该工程款进行预登记，预登记的金额是承包人法定抵押权实现的最高额。如果实际工程款结算金额高于预登记金额，那么只能以预登记的金额优先受偿，其他未能清偿部分作为普通债权。如果结算金额低于预登记的最高额，那么应以实际的结算额为准，余额部分应当返还给发包人。这样既可以保证承包人的利益，也可以保证其他抵押权人的利益。如果发包人在建设过程中因筹集资金而将土地使用权和建筑物抵押，那么贷款人就能够通过登记簿了解该建筑物上将来可能存在的

法定抵押权的最高价金，从而估计出如果自己接受抵押借贷，那么一旦承包人行使法定抵押权，清偿完法定抵押权后的余额部分能否完全清偿自己的债权，从而对借贷条件和金额进行审慎考量，尽力避免权利冲突的情况发生。

建立预登记制度，可以使发包人的其他债权人清楚地了解作为抵押财产的建设工程上是否还有其他权利的存在，能够使发包人的贷款人根据实际情况预测自己贷款给发包人的风险，从而有效预防权利冲突的情况发生。

第四节　建设工程保修阶段的
合同风险防范

一、建设工程保修阶段的风险预防

（一）建设工程保修阶段的损失预防

建设工程保修阶段风险十分复杂，往往是多方面原因一起作用的结果。因此，必须结合建设工程保修阶段风险的成因，采取相应的损失预防措施，才能达到控制风险的目的。

从宏观上讲，要控制建设工程保修阶段的风险，离不开对我国市场机制的完善。要改变建筑市场的封闭性，形成一个统一、开放的建筑市场，发挥市场的导向作用，通过市场的调节促进建设工程保修制度的发展和完善。而加强建筑市场的信用体系建设，则是完善市场经济体制的重要内容。由于建设工程保修本身就是一种后合同义务，诚实信用原则是其赖以存在的基石，因此要控制建设工程保修阶段的风险，就必须在完善建筑市场的同时加强建筑市场信用体系建设。

在建设工程保修期间，只要发现建设工程存在质量问题，不管有无损害，施工方均有义务进行修复，如果造成损害，还要承担损害赔偿责任。我国现行的建设工程质量保修制度确实给予业主很大的保修保证，但是这项制度仍然存在内容单一、没有形成体系、缺乏科学性等不足。事实上，建设工程回访保修制度作为建设工程质量保修制度的配套制度，对落实损失预防措施具有重要的作用。

所谓建设工程回访保修，是指建设工程在竣工验收交付使用后，在一定期限内由施工单位主动向建设单位或用户进行回访，对由于施工单位造成的建筑物使用功能不良或无法使用等问题，由施工单位负责修理，直到达到正常使用的标准。建设工程回访保修制度体现了施工单位对工程项目负责到底的精神，在工程项目管理中具有重要意义：①有利于施工单位及时听取用户意见，发现问题，总结施工经验，改进施工工艺，提高施工水平；②有利于施工单位重视管理，消除隐患；③有利于增强建设单位和用户对施工单位的信任感。

建设工程回访主要有季节性回访、技术性回访和保修期满前的回访三种。

季节性回访大多数是在雨季回访墙面的防水情况，冬季回访锅炉房及采暖系统的情况，发现问题后采取有效措施，及时予以解决。

技术性回访主要了解在工程施工过程中所采用的新材料、新技术、新工艺、新设备的效果，发现问题及时解决，同时总结经验，为进一步推广创造条件。

保修期满前的回访是在保修期即将届满之前进行回访。这样既可以解决出现的问题，又标志着保修期即将结束，使建设单位注意建筑物的维修和使用。

回访由施工单位的领导组织有关方面的人员共同参与，必要时还可邀请科研方面的人员参加。回访时，由建设单位组织座谈会或意见听取会。

（二）建设工程保修阶段的损失抑制

损失抑制在风险控制中的作用在于降低风险事故发生时或者发生后损失发生的程度。做好损失抑制工作，应当考虑从以下方面入手：

1.强化建设单位和工程使用人的通知和减损义务

建设单位和工程使用人是建设工程的管理人或者使用人，在一般情况下他们也是工程缺陷的发现者。因此，必须强化建设单位和工程使用人的通知和减损义务，只有他们及时通知施工单位并采取防止损失扩大的有效措施，建设工程保修阶段风险事故导致的损失才能得到有效控制。

2.及时固定和保存相关的证据

按照"谁主张，谁举证"的诉讼证据规则，当事人必须对自己的主张提供证据予以证明。如果不能提供证据证明自己的主张，就可能承担败诉的风险。因而，无论是建设单位还是施工单位，如果没有及时固定和保存相关的证据，必然会不利于其合法权利的维护，同时也不利于损失的抑制。可见，及时固定和保存相关的证据对风险控制和损失减少具有十分重要的作用。

3.完善建设工程质量保修金制度

建设工程质量保修金是指发包人与承包人在建设工程施工合同中约定，从应付的工程款中预留，用以保证承包人在缺陷责任期内对建设工程出现的缺陷进行维修的资金。质量保修金的设立，对施工单位切实履行保修义务、保证建设工程质量、维护业主和用户的合法权益具有极其重要的作用。

二、建设工程保修阶段的风险控制

对于建设工程保修阶段的风险，可以通过建设工程保修保险和建设工程质量综合保险进行有效控制。推行建设工程保修保险和建设工程质量综合保险的目的，就是分散建设工程保修阶段的风险，维护各方当事人的合法利益及社会公共利益，进一步推动建设工程保修阶段的保险机制建设，促进我国建筑市场的健康发展。

世界各国及地区对建设工程竣工交付后的质量责任作出大同小异的规定。但是，由于某些责任主体，尤其是承包商，在经过数年运营后可能出现资不抵债或者破产的情况，或者出现购买的执业保险期限太短或保险金额不足，甚至是不复存在的情形，这些都会加重建设工程保修阶段风险的危害。

《建筑法》规定了建设单位、施工单位以及其他相关主体的法律义务和法律责任，而且对损害赔偿不再有限额的规定，这样，有关责任主体的风险将进一步加大。如果建设工程的当事人不通过工程担保分散风险或者通过保险转移风险，一旦发生违约或重大责任事故，责任单位将会无力承担，那么必然会加大建设工程施工合同当事人的风险，而责任单位也可能难以生存，最终不利于社会经济的健康发展。

《建筑法》第六十条规定："建筑物在合理使用寿命内，必须确保地基基础工程和主体结构的质量。"换言之，基础工程的保修年限最低为建筑物的合理使用寿命，即设计年限，一般为几十年，甚至上百年。而《建筑法》第八十条又把损害赔偿责任的期限规定为"在建筑物的合理使用寿命内"。

要真正落实责任的承担，减轻建设工程保修风险的损失并进一步预防和控制风险的发生，必须通过保险解决。建设工程保修保险是就承包商对建设工程合理使用寿命内的地基基础和主体结构工程等负有的保修义务，由保险人向建筑物权利人提供的保险险种。

建设工程质量责任综合保险，是指在建筑物合理使用寿命内，因建设工程质量问题造成建筑物本身及以外的财产及人身损害，由保险人予以承保的险种。建设工程保修保险和建设工程质量责任综合保险的保险标的都是权益，二者都属于财产保险的范畴。我们应当根据市场经济的基本要求，借鉴国内外已有的保险经验，推行建设工程保修保险和建设工程质量综合保险，建立建设工程交付使用后至合理使用寿命内的保险机制。

当然，控制建设工程保修阶段的风险，仅仅依赖一个或是两个措施是不够的，我们必须结合引发建设工程保修阶段风险的因素，综合运用风险处理措施，才能有效地控制建设工程保修阶段的风险，减少风险事故带来的损失，这也必将有利于我国建筑业的进一步发展和建筑市场的繁荣。

第五章 建设工程施工索赔

第一节 建设工程施工索赔概述

一、建设工程施工索赔的概念

随着我国社会主义市场经济体制的建立和完善，商品交易中发生索赔是一种正常现象。因此，我们应该提高对索赔的认识，加强对索赔理论和索赔方法的研究，正确对待索赔工作，这对维护合同签约各方的合法权益都具有十分重要的意义。

索赔是一种权利主张，是指在履行合同的过程中，合同一方发生并非本方的过错造成的，也不属于自己风险范围的额外支出或损失，受损方依据法律或合同向对方提出的补偿要求。

建设工程施工索赔是指在建设工程项目施工过程中，由于业主或其他原因，承包商增加了合同规定以外的费用或遭受其他损失，可根据合同规定，并通过合法的途径和程序，要求业主补偿在经济上所遭受损失的行为。

建设工程施工索赔是一项涉及面广的工作。参与索赔工作的人员必须具有丰富的管理经验，熟悉施工中的各个环节，通晓各种建筑法规，并具有一定的财务知识。索赔工作中重要的一环是证明承包商提出的索赔要求是正确的。但仅仅证明索赔要求是正确的还是不能弥补承包商的损失，只有准确地计算出要求赔偿的数额，并证明此数额合情合理，索赔才能成功。

总之，建设工程施工索赔是利用经济杠杆进行项目管理的有效手段，对承包商、业主和监理工程师来说，处理索赔问题水平的高低，也反映项目管理水平的高低。随着建筑市场的发展，建设工程施工索赔将成为项目管理中越来越重要的工作。

二、建设工程施工索赔产生的原因

在履行合同的过程中，承包商提出索赔要求大多是由于合同条款的变更引起的。当承包商支付的实际工程费用大于工程收入时，就应检查其原因。只有查明是由业主造成的，承包商才能提出索赔要求。

建设工程施工索赔产生的原因主要有以下几种：

（一）工程变更

一般在合同中均有变更条款，即业主均保留变更工程的权利。工程变更的原则：①不能带来人身危险或财产损失。②不能额外增加工程量，如要增加工程量必须有工程师的书面签证。③不能增加工程总费用，除非是增加工程量的同时也必须增加造价，但必须有工程师或业主的书面签证。工程师在发布工程通知书时，有权提出较小的改动，但不得额外加价，并且这种改动与建设工程的目标应完全一致。

在工程变更的情况下，承包商必须熟悉合同规定的工程内容，以便确定执行的变更工程是否在合同范围以内。如果不在合同范围以内，承包商可以拒绝执行，或者经双方同意签订补充协议。

如果因工程变更，合同造价有所增减，引起工期延迟，合同也要相应加以调整。除此之外，其他均应在原合同条款上予以执行。

关于合同的调整问题，有的规定了一个公认的合同调整百分比公式，也有的只简单规定因工程变更而对合同价款作出公平合理的调整。不过，这种简单的规定容易引起争议，如果工程变更较大，在规定的时限内承包商应作出预算，并及时通知业主与工程师，若在规定的时限内得不到答复，承包商则有权对此提出索赔要求。

（二）施工条件变化

这里所说的施工条件变化针对以下两种情况：一是用来处理现场地面以下与合同出入较大的潜在自然条件的变更，例如，地质勘探资料和说明书上的数据错误，造成地基或地下工程的特殊处理而给承包商带来损失，承包商有权要求对合同价格进行公平合理的调整；二是现场的施工条件与合同确定的情况大不相同，承包商应立即通知业主或工程师进行检查确认。

（三）工程延期

在以下情况下，工程完成期限是允许推迟的：

①由于业主或其雇员的疏忽失职；

②由于提供施工图的时间推迟；

③由于业主中途变更工程；

④由于业主暂停施工；

⑤工程师同意承包商提出的延期理由；

⑥由于不可抗力所造成的工程延期。

在发生上述任何一种情况时，承包商应立即将备忘录送给工程师，并提出延长工期的要求。工程师应在接到备忘录后的 5 天内签认。如果业主要求暂停施工而没有在备忘录上标明复工日期，那么承包商可以放弃暂停施工的部分工程，并对停工部分进行估算，开具账单，请业主结付工程款，而且可以按被迫放弃的工程价值加一个百分比作为补偿管理费、专用设施和预期利润等所遭受的损失。

（四）不可抗力或意外风险

不可抗力，顾名思义，即指超出合同各方控制能力的意外事件。其中任何一件不可抗力事件发生，都会直接干扰合同的履行，对于由此造成的施工时间延长、工程修理及其费用、终止合同，或业主、第三方的破产及人身伤亡，承包商概不承担任何责任。业主应对就此引起的各项开支和费用等负责，保障承包商免受损害并给承包商补偿。

凡是发生上述情况的，承包商应迅速向业主报告，并提供适当的证明文件，以便业主核实。业主接到通知后应及时答复承包商，如长期拖延不予处理，业主也要负违约的责任。对于自然灾害的影响，承包商不仅可以要求顺延工期，而且应当声明，除顺延工期外，还应对由于自然灾害暂时停工而不得不对承包价格进行合理的调整。

（五）检查和验收

如业主对已验收过的隐蔽工程和设备内部再次要求拆下或剥开检查时，承包商必须照办。经检查，工程完全符合合同要求时，承包商应要求补偿因拆除、剥开部分工程所造成的损失，包括修复的直接费用和间接费用，以及因检查所引起的额外工程费用等。

（六）在工程竣工验收前业主占用

业主有权占用或使用已竣工的或部分竣工的工程。关于这一情况，在签订合同时应分清双方的责任和义务。一般这种占用或使用不得被认为是对已完成的、不符合合同规定的工程的验收。但是，对工程所遭受的损害，如不是由于承包商的过失或疏忽造成，则不应该由承包商负责。

（七）业主提供设备

设备如由业主提供，合同中规定设备的交付时间。如业主未按期供应，按规定就要公平合理地调整合同价格，延长竣工期限。

（八）劳动力费用、材料价格涨价

如果材料价格及劳动力费用受到供求关系或市场因素的巨大影响，业主会在合同中同意准许材料价格及劳动力费用调整。因此，合同实施中如遇到市场价格上涨的情况，承包商应及时向业主提出调整工程价格的要求。

除以上情况外，还有许多引起承包商提出索赔要求的因素，如加快工程进度、波及效应等。承包商必须熟悉合同条款的具体规定，对各种因素进行仔细斟酌，严加推敲，以便适时地采取措施，保护自己的利益。

三、建设工程施工索赔的分类

（一）按建设工程施工索赔的起因分类

建设工程施工索赔发生的原因有很多，但归纳起来有四类：施工延期索赔、工程变更索赔、施工加速索赔和不利现场条件索赔。

1.施工延期索赔

由于业主的原因，承包商不能按原定计划的时间进行施工所引起的索赔称为施工延期索赔。例如，为了控制成本，业主往往把材料和设备规定为自己直接订货，再供应给承包商，业主如果不能按时供货，就会导致工程延期，从而引起施工延期索赔。又如，业主不能按合同约定提供现场必要的施工条件而延误开工或减缓施工速度，承包商也会据此提出施工延期索赔的要求。此外，在业主负责的情况下，设计者不能按时提交图纸，也可能引起施工延期索赔。

2.工程变更索赔

这类索赔是指因合同中规定工作范围的变化而引起的索赔。这类索赔有时不如施工延期索赔那么容易确定，如某分项工程所包含的详细工作内容和技术要求、施工要求很难在合同文件中描述清楚，设计图纸也很难对每一个施工细节都表达得很详尽，因此，实施中很难界定此工程内容是否有所变更，即使有变更，也很难确定其变更程度有多大。但是，对于明显的设计错误或遗漏、设计变更以及工程师发布的工程变更指令而引起的工期延误和施工费用增加，承包商则应及时向业主提出工程变更索赔的要求。

3.施工加速索赔

这类索赔经常是延期或工程变更的结果，有时也被称为"赶工索赔"，而施工加速索赔与劳动生产率的降低关系极大，因此，其又被称为劳动生产率损失索赔。如业主要求承包商比合同规定的工期提前完工，或者因前一阶段的工程拖期，要求后一阶段的工程弥补已经损失的工期，使整个工程按期完工。这样，承包商可以因施工加速成本超过原计划的成本而提出索赔要求。在国外的许多索赔案例中提出的劳动生产率损失通常很大，但一般不易被业主接受。这就要求承包商在提交的施工加速索赔报告中提供施工加速对劳动生产率的消极影响的确切证据。

4.不利现场条件索赔

这类索赔是指图纸和技术规范中所描述的条件与实际情况有实质性的不同或虽合同中未作描述，但所遇到的是有经验的承包商也无法预料的情况。一般是地下的水文地质条件，以及某些隐藏着的不可知的地面条件。如果承包商证明业主没有给出某地段的现场资料，或所给的资料与实际相差甚远，或所遇到的现场条件是有经验的承包商不能预料的，那么承包商对不利现场条件的索赔应能成功。

不利现场条件索赔应归咎于确实不易预知的某个事实。要把现场的水文、地质条件在设计时全部弄得一清二楚几乎是不可能的，我们只能根据某些地质钻孔和土样试验资料进行分析和判断。对施工现场进行彻底、全面的调查将会耗费大量的时间，一般业主不会这样做，承包商在短短的投标报价的时间内更不可能做这种现场调查工作。这种不利现场条件的风险由业主承担是合理的。

（二）按建设工程施工索赔的目的分类

1. 工期索赔

承包商向业主要求延长工期，合理顺延合同工期。由于合理工期延长，可以使承包商免于承担误期罚款（或误期损害赔偿金）。

2. 经济索赔

承包商要求取得合理的经济补偿，即要求业主补偿不应该由承包商自己承担的经济损失或额外费用，或者业主向承包商要求因为承包商违约导致业主的经济损失补偿，也称为费用索赔。

（三）按建设工程施工索赔的依据分类

建设工程施工索赔的目的是得到经济补偿和延长工期，而索赔必须有其可靠的依据。因此，按索赔的依据不同，索赔可分为合同内索赔、合同外索赔和道义索赔。

1. 合同内索赔

这类索赔是以合同条款为依据的，在合同中有明文规定的索赔理由，如工期延误、工程变更、业主不按合同规定支付进度款等。由于在合同中有明文规定，因此这类索赔往往容易成功。

2. 合同外索赔

这类索赔一般难以直接从合同的某条款中找到依据，但可以从对合同条件的合理推断或同其他的有关条款联系起来论证。例如，因天气的影响给承包商造成的损失一般应由承包商自己负责，但如果承包商能证明是特殊反常的气候条件，就可利用合同中规定的"一个有经验的承包商无法合理预见不利的条件"而使工期延长，同时若能进一步论证工期的改变属于"工程变更"的范畴，还可提出费用的索赔。合同外索赔需要承包商非常熟悉合同和相关法律，并有比较丰富的索赔经验。

3.道义索赔

这类索赔无合同和法律依据，承包商认为自己在施工中确实遭到很大损失，要想得到优惠性质的额外付款，只有在遇到通情达理的业主时才有希望成功。一般在承包商的确克服了很多困难，使工程圆满完成，而自己却蒙受重大损失时，若承包商提出道义索赔要求，业主可出自善意，给承包商一定的经济补偿。

（四）按建设工程施工索赔的合同对象分类

索赔是在合同双方之间发生的。按合同对象的不同，索赔分为以下几种：

1.业主与承包商之间的索赔

这是建设工程施工过程中常见的形式，也是本书主要探讨的内容。

2.总承包商与分包商之间的索赔

总承包商向业主负责，分包商向总承包商负责。按照他们之间的合同，分包商只能向总承包商提出索赔要求，如果是业主方面的责任，则再由总承包商向业主提出索赔要求；如果是总承包商的责任，则由总承包商和分包商协商解决。

3.业主或承包商与供货商之间的索赔

如果供货商违反供货合同的规定，业主或承包商（按照合同关系）有权向供货商提出索赔要求，反之亦然。

4.业主或承包商与保险公司、运输公司之间的索赔

业主或承包商基于运输合同与保险合同提出索赔要求。

（五）按建设工程施工索赔的主体分类

合同的双方都可以提出索赔，从提出索赔的主体出发，索赔可以分为以下两类：

1.承包商索赔

承包商索赔即由承包商向业主提出索赔。

2.业主索赔

业主索赔即由业主向承包商提出索赔。

（六）按建设工程施工索赔的处理方式分类

1.单项索赔

单项索赔是指在工程施工过程中出现干扰原合同实施的某项事件，承包商为此而提出的索赔。如业主发出设计变更指令，造成承包商成本增加、工期延长。承包商为变更设计这一事件提出索赔，就属于单项索赔。应当注意，单项索赔往往在合同中规定必须在索赔有效期内完成，即在索赔有效期内提出索赔报告，经监理工程师审核后交业主批准。如果超过规定的索赔有效期，则该索赔无效。因此，对于单项索赔，必须有合同管理人员跟踪日常的每一个合同事件，一旦发现问题应迅速研究是否对此提出索赔要求。由于单项索赔涉及的合同事件比较简单，责任分析和索赔计算不太复杂，金额也不会太大，双方往往容易达成协议。

2.总索赔

总索赔，又称为一揽子索赔，是指承包商在工程竣工前后，将施工过程中已提出但未解决的索赔汇总一起，向业主提出一份总索赔报告的索赔。

这类索赔，有的是在合同实施过程中因为一些单项索赔问题比较复杂，不能立即解决，经双方协商同意留待以后解决；有的是业主对索赔迟迟不作答复，采取拖延的办法，使索赔谈判旷日持久；有的是由于承包商的合同管理水平差，平时没有注意对索赔的管理，忙于工程施工，当工程快完工时，发现自己亏本，或业主不付款时，才要求索赔。

在一揽子索赔中，因许多干扰事件交织在一起，影响因素比较复杂，责任分析和索赔值的计算比较困难，使索赔处理很艰难，加上一揽子索赔的金额较大，往往需要承包商作出较大让步才能解决。因此，承包商一定要把握索赔的有利时机，力争单项索赔。对于实在不能单项解决，需要进行一揽子索赔的，承包商也应力争在施工建成移交之前完成主要的谈判。

第二节　建设工程施工索赔证据
及索赔文件

一、建设工程施工索赔证据

任何索赔事项的确立，其前提条件是必须有正当的索赔理由。对正当索赔理由的说明必须有证据，没有证据或证据不足，索赔是难以成功的。

总的来说，当一方向另一方提出索赔时，要有正当索赔理由，且有引起索赔的事件发生时的有效证据。

（一）建设工程施工索赔证据的要求

1.真实性

索赔证据必须是在实施合同的过程中确实存在和发生的，必须完全反映实际情况，能经得住推敲。

2.全面性

所提供的证据能说明事件的全过程。索赔报告中涉及的索赔理由、事件过程、事件影响等都有相应证据。

3.关联性

索赔的证据应当能够互相说明，相互具有关联性，不能互相矛盾。

4.及时性

索赔证据的取得及提出应当及时。

5.具有法律证明效力

一般要求证据必须是书面文件，有关记录、协议、纪要必须是双方签署的。工程中重大事件及特殊情况的记录必须由工程师签字认可。

（二）建设工程施工索赔证据的种类

1.招标投标文件

招标投标文件主要包括招标文件、工程合同及附件，业主认可的投标报价文件、技术规范、施工组织设计。招标文件是承包商报价的依据，是工程成本计算的基础资料，也是索赔时进行附加成本计算的依据。投标文件是承包商编标报价的成果资料，对施工所需的设备、材料列出了数量和价格，也是索赔的基本依据。

2.工程图纸

对于工程师和业主签发的各种图纸，包括设计图、施工图、竣工图及相应的修改图，应注意对照检查和妥善保管。对于设计变更一类的索赔，原设计图和修改图的差异是索赔最有力的证据。

3.施工日志

承包商应指定人员记录施工中发生的各种情况，包括天气、出工人数、设备数量及其使用情况、进度、质量情况、安全情况、监理工程师在现场有什么指示、有无特殊干扰施工的情况、遇到了什么不利的现场条件等。

4.来往信件

承包商应仔细保管与监理工程师、业主、政府部门、银行、保险公司的来往信函，并注明发送和收到的详细时间。

5.气象资料

在承包商分析进度安排和施工条件时，天气是其考虑的重要因素之一，因此，要保留一份完整、详细的天气情况记录，包括气温、风力、降雨量等。

6.备忘录

承包商应随时记录监理工程师和业主的口头指示，并请监理工程师和业主签字确认。

7.会议纪要

承包商、业主和监理工程师举行会议时要做好详细记录，对其主要问题形成会议纪要，并由会议各方签字确认。

8.工程照片和工程声像资料

这些资料都是反映工程客观情况的真实写照，也是法律承认的有效证据，应拍摄有关资料并妥善保管。

9.工程进度计划

承包商编制的经监理工程师或业主批准同意的所有工程总进度计划、年进度计划、季进度计划、月进度计划都必须妥善保管，任何与延期有关的索赔，工程进度计划都是非常重要的证据。

10.工程核算资料

工人劳动计时卡和工资单，设备、材料和零配件采购单，付款收据，工程开支月报，工程成本分析资料，财务报表都应分类装订成册。这些都是计算索赔费用的基础资料。

11.工程供电、供水资料

这类资料主要是指工程供电、供水的日期及数量记录，工程停电、停水和干扰事件的影响及恢复施工的日期等。这些也是计算索赔费用的原始资料。

12.有关文件规定

这主要包括国家、省、市有关影响工程造价、工期的文件规定。

二、建设工程施工索赔文件

建设工程施工索赔文件是承包商向业主索赔的正式书面材料，也是业主审议承包商索赔的主要依据。建设工程施工索赔文件一般由索赔信函、索赔报告和附件三个部分组成。

（一）索赔信函

索赔信函是承包商致业主或其代表的一封简短信函，主要目的是提出索赔请求，应包括以下内容：①简要说明引起索赔事件的有关情况；②列举索赔理由；③提出索赔金额与工期延长要求；④附件说明。

（二）索赔报告

索赔报告的质量和水平，与索赔成败的关系极为密切。对于重大的索赔事项，有必要聘请合同专家或权威人士担任咨询，并邀请有背景的资深人士参与活动，以保证索赔成功。

索赔报告的具体内容随索赔事项的性质和特点有所不同，但大致由四个部分组成：

1.总述部分

总述部分概要叙述引起索赔的事件发生的日期和过程、承包商为该事件付出的努力和附加开支、承包商的具体索赔要求。

2.论证部分

论证部分是索赔报告的关键部分，其目的是说明自己有索赔权和索赔的理由。立论的基础是合同文件并参照所在国的法律。要善于在合同条款、技术规程、工程量表、往来函件中寻找索赔的法律依据，使索赔要求建立在合同、法律的基础上。如有类似情况索赔成功的具体事例，无论是发生在工程所在国的或其他国际工程项目上的，都可作为例证提出。

论证部分在写法上要按引发索赔的事件发生、发展、处理的过程叙述，使业主了解事件的始末及承包商在处理该事件上作出的努力、付出的代价。叙述时应指明所引证资料的名称及编号，以便于查阅。

3.索赔款项（或工期）计算部分

如果说论证部分的任务是解决索赔权能否成立的问题，款项计算的任务则是确定能得到多少补偿。前者定性，后者定量。

先写出计价结果（索赔总金额），然后分条论述各部分的计算过程，引证的资料应有编号、名称。计算时，切忌用笼统的计价方法和不实的开支款项，勿给人以漫天要价的印象。

4.证据部分

要注意引用的每个证据的效力与可信程度，对重要的证据资料，最好附以文字说明，或附以确认件。例如，对重要的电话记录或对方的口头命令，仅附上承包商自己的记录是不够有力的，最好附以对方签字的记录，或附上当时发给对方要求确认该电话记录或口头命令的函件，即使对方未复函确认或修改，亦说明责任在对方，按惯例应理解为对方已默认。

证据选择可根据索赔内容的需要而定。工程所在国家的重大政治、经济、自然灾害的正式报道，施工现场记录及报表，往来信函及照片摄像，工程项目财务记录和物资记录、报表等都可能成为证据。

（三）附件

附件是指对索赔报告所列举事实、理由、影响的证明文件和各种计算基础、计算依据的证明，包括以下内容：

1.证明文件

索赔报告中所列举事实、理由、影响等的证明文件和其他有关证据。

2.详细计算书

为证实索赔金额的真实性而设置，为了简明扼要，可以用图表表述。

第三节 建设工程经济索赔
与工期索赔分析

一、建设工程经济索赔分析

经济索赔是指承包商向业主要求补偿不应该由承包商自己承担的经济损失或额外开支，以取得合理的补偿。也就是说，在实际施工过程中所发生的施工费用超过了投标报价书中该项工作所确定的费用，而这项费用的超支责任不是承包商方面的原因，也不属于承包商的风险范围。一般来讲，施工费用超支的原因主要有两种情况：①承包商的施工受到干扰，致使工作效率降低；②由于业主方指令工程变更或者增加了额外工程，导致工程成本增加。这两种情况导致新增费用或者额外费用，承包商有权提出索赔要求。

（一）责任分析

施工索赔允许承包商获得不是由于承包商的原因而造成的损失补偿。所以，一个索赔事项发生以后，承包商首先要明确责任归属。确定不是承包商的责任以后，还要明确是不是承包商的风险，这就要进行合同分析。

（二）合同分析

承包商要论证自己的经济索赔要求，最重要的就是要在合同条件中寻找相应的合同依据，并据此判断承包商有索赔权。

1.条款明示的索赔

条款明示的索赔是指承包商所提出的索赔要求，在该工程项目的合同文件中有明确的文字依据，承包商可以据此提出索赔要求，取得经济补偿。这些在合同文件中有文字规定的合同条款，称为"明示条款"或"明文条款"。《示范文本》中也有一些相应的明示条款，如在工期的延误、检查和返工、合同价款的调整与支付等方面都有明确的规定。这些有明确规定的合同条款都是承包商进行索赔的依据。

这些工程项目合同条件中有明示条款的索赔都属于合同规定的索赔，一般发生时不容易产生纠纷，处理起来比较容易。

2.条款隐含的索赔

条款隐含的索赔是指承包商的索赔要求虽然在工程项目的合同条件中没有专门的文字叙述，但可以根据该合同条件的某些条款的含义推论出承包商有索赔权，有权得到相应的经济补偿。这种有经济补偿含义的合同条款称为"默示条款"或者"隐含条款"。

默示条款是一个广泛的合同概念，它包括合同明示条款中没有写入但符合合同双方签订合同时的设想、愿望和当时的环境条件的一切条款。这些默示条款或者从明示条款所表述的设想、愿望中引导出来，或者从合同双方在法律上的合同关系中引导出来，经合同双方协商一致或被法律、法规所指明，成为合同文件的有效条款，要求合同双方遵照执行。

3."可推定的"合同条款

在解释合同条件时，美国率先使用了"可推定的"合同条款这一概念，并在合同争端的法院判决词中使用。当前，其他国家的合同解释中也逐步开始采用这个说法。

所谓"可推定的"，就是指"实际上已经形成的"，而且是合同双方均"已经知道的"。例如，在施工过程中，业主方面的领导人员或工程师口头指示承包商进行某种施工变更或要求进行追加工作，承包商已经照办，业主方面的主要合同管理人员也已经知道，这一工程变更便已经成为"可推定的工程变更"，它的合法性已经得到业主的认可，因而，承包商应该得到相应的经济补偿。当然，承包商要提出相应的证据证明业主方面曾经下过指示，在实施变更过程中，工程师曾到施工现场对正在实施的变更进行过检查和指导。工程师可以在任何时候按照合同规定向承包商发出指令，以及发出实施工程和修补缺陷可能需要的附加或修正图。承包商应接受工程师或工程师委托给以适当权力的助手的指令。如果指令构成一项变更，应按照变更的规定办理。承包商应遵循工程师或受托助手对合同有关的任何事项发出的指令。如果工程师或受托助手给出口头指令，在给出口头指令后两个工作日内收到承包商（或其代表）对口头指令的书面确认，以及在收到书面确认后两个工作日内未通过发出书面拒绝和（或）指令进行答复，这时该确认应成为工程师或受托助手的书面指令。

4.工程所在国的法律或规定

由于工程所在国的法律适用于工程项目的合同文件，所以该国的法律中有关承包商索赔的条文都可以被承包商用来证明自己的索赔权。承包商必须熟悉工程所在国的法律，善于利用它来确定自己的索赔权。

二、建设工程工期索赔分析

（一）工期索赔的目的

在工程施工中，常常会发生一些未能预见的干扰事件，使得施工不能顺利进行。工期延长意味着工程成本的增加，对合同双方都会造成损失：业主会因工程不能及时投入使用而不能实现预计的投资目的，减少盈利的机会，同时会增加各种管理费的开支；承包商则会因为工期延长而增加施工机械使用费、工地管理费及其他一些费用，如果超出合同工期，承包商可能还要支付合同规定的违约金。

因此，承包商进行工期索赔的目的，一个是弥补工期拖延造成的费用损失，另一个是免去自己对已经形成的工期延长的合同责任，使自己不必支付或尽可能少支付工期延长的违约金（误期损害赔偿金）。

（二）工期索赔原因分析

工期索赔的原因主要有以下三个方面：

①业主方面的原因，这里也包括由于工程师的原因造成的工期延误，如修改设计、工程变更、提前占用部分工程等；

②客观方面的原因，无论是业主还是承包商都是无力改变的，如不可抗力、不可预见的自然条件等；

③承包商自身的原因，如施工组织不好、设备和材料供应不足等。

按照工期拖延的原因不同，工期延误通常可以分成以下两大类：

1.可原谅的拖期

可原谅的拖期是指不是由于承包商的责任造成的工期延误。下列情况，一般属于可原谅的拖期：①业主未能按照合同规定的时间向承包商提供施工现场或施工道路；②工程师未能按照合同规定的施工进度提供施工图或发出必要的指令；③施工中遇到了不可预见的自然条件；④业主要求暂停施工或由于业主的原因被迫暂停施工；⑤业主和工程师发出工程变更指令，而该指令所述的工程是超出合同范围的工作；⑥由于业主风险或者不可抗力引起工期延误或工程损害。

针对可原谅的拖期，如果责任者是业主或工程师，则承包商不仅可以延长工期，还可以得到相应的经济补偿，这种拖期被称为"可原谅可补偿的拖期"；如果责任者不是业主或工程师，而是客观因素，则承包商可以延长工期，但不能得到经济补偿，这种拖期被称为"可原谅不补偿的拖期"。

2.不可原谅的拖期

如果工期拖延的责任者是承包商，而不是业主方面或客观因素，则承包商不但不能得到经济补偿，而且要承担延误造成的损失。承包商还要选择或者采取赶工措施，把延误的工期抢回来，或者任其拖延，承担误期损害赔偿，甚至有可能被业主终止合同，承担有关损失。

（三）延误的有效期

在实际施工过程中，单一原因造成的延误是很少见的，经常是几种原因同时发生、交错影响，形成所谓的"共同延误"。在共同延误的情况下，要确定延误的责任是比较复杂的，要具体分析哪一种情况的延误是有效的，确定工期延误的有效期。

首先要确定初始延误。确定初始延误就是在共同延误的情况下判断哪种原因是最先发生的，找出初始延误者，在初始延误发生作用的期间，不考虑其他延误造成的影响。这时候主要按照初始延误确定导致延误的责任者。

如果初始延误者是业主或者工程师，在该影响持续期内，若这个延误在关键线路上，则承包商不仅可以延长工期，还可以得到相应的经济补偿；若这个延误不在关键线路上，而该线路又有足够的时差可以利用，则承包商不能延长工期；若这个延误不在关键线路上，但是线路时差不够用，则要重新计算，确定合理的工期延长天数。

如果导致工期拖延的原因既不是业主，也不是承包商，而是客观原因，则承包商可以延长工期，但不能得到经济补偿。

（四）工期延误的原因分析

索赔事项对工期的影响有多大，一般可以通过对网络计划的分析确定。

工程的进展是按照原定的网络计划进行的。在发生干扰事件后，网络中的某些施工过程会受到干扰，如持续时间的延长、施工过程之间的逻辑关系会发生变化、有新增加的工作等。把这些影响放入原来的网络计划中，重新进行网络分析，可以得到一个新的网络工期。新工期与原工期之间的差量即干扰事件对总工期的影响，也就是承包商要求索赔的工期值。如果新的网络计划得到业主的批准，相应的工期延长得到工程师的同意，则此网络计划成为新的实施计划，再遇到新的干扰事件对工期造成影响，则在新的网络计划的基础上重新进行分析，提出新的工期索赔要求。以下是几种主要的干扰事件对工期的影响分析：

1.工程拖延的影响

在工程施工过程中，业主有时不能按时提供设计图、建筑场地、现场道路等，这都会直接造成工程项目推迟或者暂时中断，影响整个工期。这一类推迟，可以直接作为承包商要求延长工期的索赔天数，可以现场的实际记录作为证据资料。

2.工程量增加的影响

在实际施工中，如果工程量超过合同中工程量表中的工程量，承包商为完成工程就要花费更多的时间，一般里如果合同有规定，承包商应该承担工程量增加导致的工期风险。超过这个范围，承包商可以按照工程量增加的同等比例要求延长工期。

3.新增工程的影响

新增工程，无论是附加工程还是额外工程，都可能要在网络中加进一项原来没有计划的工作，这必然导致网络计划时间的变化，合同双方要商讨新的工作的持续时间和新的工作与其他工作之间的逻辑关系，确定新的网络计划工期。

4.业主指令变更施工顺序的影响

业主指令变更施工顺序会改变网络图中原有的逻辑关系，从而对网络计划工期产生影响，因此，必须对网络计划进行调整，通过对新旧网络计划的比较确定对实际工期的影响。

5.业主导致的暂停施工、窝工、返工等的影响

业主导致的暂停施工，可以按照工程师的指示和实际工程记录确定工期的延长，这里还要考虑重新复工可能发生的施工准备时间。窝工和返工，也要按照实际记录，通过网络分析确定对工期的实际影响量作为工期索赔值。

6.业主风险和不可抗力的影响

如果由于业主风险和不可抗力的影响导致全面停工，则承包商可以按照工程师填写的记录，要求延长工期。如果使部分工程受到影响，则要通过网络分析确定影响的程度。

第四节　建设工程施工索赔的
预防与反驳

一、建设工程施工索赔的预防

在合同履行的过程中，无论是承包商还是业主，索赔的预防都是索赔管理的重要内容。所谓索赔的预防，也就是采取各种可行的措施预防索赔事件的发生，尤其是尽量避免由于己方失误所造成的对方索赔。

（一）业主方预防承包商索赔的措施

在施工过程中，承包商索赔成立的先决条件是非承包商原因或其承担的风险所造成的损失。因此，业主预防承包商索赔的措施就要放在业主方的原因或其承担的风险方面。由于在项目实施过程中，通常业主委托工程师进行项目施工过程中的项目管理活动，因此业主方预防承包商索赔的措施多是由业主与工程师共同执行的。

具体来讲，业主方可以从以下几个方面采取有效措施：

1.签订全面、细致、准确的施工合同

与承包商签订全面、细致、准确的合同是预防索赔的基础。所谓全面，是指合同条款覆盖整个工程内容，对可能引起变化的条件，如政策变化、地质变化、设计变更、市场变化等因素尽可能考虑周全，尽量避免合同规定之外的事件发生。所谓细致，是指合同条款要细致入微。所谓准确，是指合同条款必须文字含义准确，对一词多义要有准确注释，不能含糊其词、模棱两可，以避免合同争议。

2.及时取得现场进入和占用权

取得合同中规定的各种法律上的许可，及时按合同要求向承包商提供现场进入和占用权。因为如果业主不能按合同要求取得许可并及时向承包商提供现场进入和占用权，就可能导致工程不能按照预定的时间开工或者工程拖期，从而引起承包商就工期和其费用损失的索赔。所以，业主为了更好地维护自己的利益，就必须事先取得法律要求的各种应由业主办理的各种许可和现场的占用权，从而按合同要求及时提供给承包商使用，让工程能够按照计划顺利进行。

3.严格控制工程变更

通常，工程变更都会伴随着计划的改变，因而会造成费用的变动和时间的变化。如果工程变更是由非承包商引起的，则会造成承包商的索赔。因此，业主和工程师应严格控制工程变更指令的签发。这就要求业主和工程师分析可以事先控制的工程变更原因，预先采取有效措施加以控制。例如，施工图错误引起的工程变更，可以通过预先认真审图来加以控制。在工程开工后，对项目的功能，工程各部分的位置和尺寸，设计采用的材料、构件等，不要轻易变更，从而减少由于工程变更引起的索赔。

4.按时支付工程款

业主一定要依据合同按时支付工程款。拖欠工程款，除了会引起承包商对工程款及其利息的索赔，还会增加承包商的融资成本，导致承包商依据合同暂停施工或放慢施工速度，甚至终止合同，由此带来一系列的承包商的索赔。因此，业主一定要注意合同中对工程款支付的规定。业主一定要注意其中的时间限制，以避免未遵守合同中关于付款时限的规定引起的承包商索赔，以及由此带来的一系列问题而引起的有关索赔事项的发生。

5.不要干扰承包商的施工进度

业主不可随意指示承包商改变作业顺序或因业主负责而使承包商的进度

延误，如合同规定由业主负责的设计图或业主负责供应的材料等的延误，从而引起承包商的工程拖期索赔或实施业主加速施工指令的索赔等。因此，为了减少承包商的索赔，业主要按照合同规定认真履行义务，使承包商能够按照批准的进度计划施工。

6.加强协调与沟通，尽量避免索赔事件的发生

实际上，许多索赔事件都是由协调与沟通不畅造成的。例如，对合同条款、技术规范或施工图中的要求理解差异，如果经常沟通，则可能在施工之前就发现问题，从而通过协调来解决。因此，在实际施工过程中，工程师应与承包商及时沟通，在承包商的损失发生之前采取措施，以避免索赔事件的发生。

（二）承包商预防业主索赔的措施

虽然索赔是承包商获取经济利益的一个重要手段，但承包商必须注意的一点是，由于承包商自身的原因或责任所造成的己方损失是不能得到补偿的。而且，如果对业主造成额外的损失，还会遭到业主的索赔。因此，承包商除了要重视通过索赔维护自己的正当权益，还必须采取措施防止业主索赔。承包商在预防业主索赔方面，可以采取以下措施：

1.加强计划管理

制订切实可行的进度计划，建立完善的进度控制体系，可避免由于进度计划不合理或进度管理不善造成工期延误，从而引起竣工时间的延误或由于修订计划引起业主的附加费用开支，如增加监理费等。这些都会引起业主对工期延误和业主附加费用开支的索赔。因此，如果承包商加强计划管理，切实按照预先确定的合理进度计划进行施工，就可以避免工期方面的业主索赔。而对于其他原因造成的工程拖期，承包商可以依据合同向业主提出索赔要求。

2.加强质量管理

质量缺陷是业主索赔的一个很重要的原因。为了避免由于质量缺陷造成的业主索赔，承包商要加强质量管理。首先，应当制定合理的施工方案和各项保

证质量的技术组织措施，严格按照施工技术规程和设计图施工。其次，建立切实可行的质量保证体系和内部奖惩制度，将质量责任落实到每个人、每个班组上。通过这一系列的质量控制工作，承包商就可以有效控制由于自身原因造成的质量缺陷，因此，也就有效地避免了业主的索赔。同时，承包商施工质量好，实际上也是承包商成功索赔的重要前提。

3.严格履行合同，避免违约

业主的索赔有些是由承包商的违约造成的，预防这方面的索赔，承包商就要认真履约。例如，承包商应支付由于货物运输引起的索赔。这样，承包商在投标时就应针对这种风险进行评估，在运输货物时采取必要的措施，从而避免受到道路部门等的索赔和其他伤害。再如，合同中规定由承包商负责的保险，承包商要加强管理，避免其过期或失效，从而避免因重新申办保险所发生费用的业主索赔。

4.处理好与工程师的关系

在工程施工中，合同双方应密切配合。工程师受业主的委托进行工程项目的管理，处理索赔问题。因此，如果承包商与工程师处于对抗的地位，对索赔问题的处理是非常不利的；承包商与工程师有良好的合作关系，则有利于索赔问题的解决。

二、建设工程施工索赔的反驳

（一）业主对承包商索赔的反驳

1.对承包商索赔权的反驳

工程师在接到承包商的索赔通知和索赔报告后，首先应当审查承包商是否具有索赔权。索赔权分为两种：第一种是合同内索赔权，即在合同内可以找到某合同条款，明确指出承包商有权获得相应的经济补偿和（或）相应的工期延长；第二种是非合同索赔权，即按照合同某些条款可推定出承包商有权索赔，也称依据默示条款的索赔权，或者参照国际工程施工索赔的实践惯例或业主所在国的有关法规进行索赔的索赔权。

判断承包商是否具有索赔权，主要根据以下事实：

（1）承包商的此项索赔是否具有合同依据

如果合同是按照 FIDIC 合同条件的通用条件签订的，则承包商具有索赔权；如果合同是按照《示范文本》签订的，则承包商具有索赔权。否则，除非承包商有充分的理由论证该项索赔属于合同内可推定的索赔权或非合同索赔权的索赔范围，不然承包商不具有索赔权。

在审查索赔是否具有合同依据时，应当注意合同的专用条件（款）是针对具体项目对通用条件（款）的修正和补充，因此，在合同的优先次序上，专用条件（款）在前，通用条件（款）在后。

（2）索赔事项的发生是否属于承包商的责任

只有非承包商原因造成的损失，承包商才有权索赔。因此，只要是属于承包商责任的索赔事项，业主均应予以拒绝。如果此事项同时造成业主的损失，业主还可以向承包商进行索赔。当然，工程师或业主必须论证此事项确实是承包商的责任，否则可能会导致争端的发生。

在工程实施过程中出现的很多问题，业主和承包商可能双方均有一定的责任。在这种情况下，就需要划分主要责任者或按照各方责任的后果，由双方协商确定承包商应当承担责任的比例，而这一部分，承包商就不具备索赔权。

（3）索赔事项初发时承包商是否采取了控制措施

根据国际工程施工承包惯例，如果遇到偶然事故影响工程施工，则承包商有责任及时通知工程师，并采取有效措施以控制事态发展，以免造成更大的损失。若承包商未采取控制措施，任由损失扩大，则对于扩大的损失，承包商不具备索赔权。

（4）索赔事项的发生是否属于承包商的风险范畴

在施工合同中，业主和承包商都承担着相应的风险，在合同中以明确的条款予以确定或可从合同的默示条款中推定。

（5）索赔证据是否充分

如果承包商索赔时不能提供有效的证据证明索赔事件的真实性，或提供的索赔证据与工程师的记录不相符，业主或工程师就可以要求承包商补充证据。凡是没有充分证据的索赔要求，业主或工程师就有权拒绝。

工程师或业主对承包商索赔证据的审查主要是看证据是否真正经得起推敲，是否能够说明事件的全过程，是否与工程师的记录一致，以及各项证据之间是否可以互相说明而不是互相矛盾。

（6）变更价款的要求是否按合同规定提出

承包人在双方确定变更后 14 天内不向工程师提出变更工程款报告时，视为该项变更不涉及合同款的变更。因此，按照《示范文本》签订的承包合同，如果承包商没有遵守这一规定，则失去向业主提出由工程变更带来费用损失补偿的权利，即索赔权。

2.索赔事件的影响分析

分析索赔事件对费用和工期是否产生影响和影响的程度如何，直接影响着索赔值的计算。因为索赔值的计算是以弥补承包商的实际损失为原则的，所以如果索赔事件未造成承包商的实际费用损失或工期延误，则不需要对承包商进行补偿。

对于工期延长期的计算，可根据网络计划分析判断。如果延误的工作是位于非关键线路上的非关键工作，则要根据工作所具有的时差来分析；如果延误的工作时间在时差范围内，则不存在对总工期的影响，也就不存在工期延长期补偿。但如果延误的工作时间超出时差值，则需要计算对总工期的影响程度，这时，总工期的延长时间才是应补偿的工期延长时间。例如，由于业主供应施工图延误造成承包商某项工作推迟 4 天，这是由业主造成的，因此按合同规定，承包商有权索赔工期。但如果此项工作是位于非关键线路上的非关键工作，总时差为 5 天，则这时施工图延误不会造成总工期的延误，承包商就不能进行工期索赔。但如果此项工作的总时差只有 2 天，由于施工图供应的延误，按照进度计划计算会造成总工期拖后 2 天，那么承包商就有权得到 2 天的工期延长期。但如果此项工作为关键工作，则由于施工图供应延误会造成总工期拖期 4 天，因此承包商就有权得到 4 天的工期延长期。由此可见，虽然同为业主供应施工图造成某工作的延误，但承包商所能得到的工期索赔值是不同的。因此，工程师对承包商提出的工期索赔要求，一定要具体情况具体分析，可借助网络计划技术对索赔事件的影响进行分析。

对于承包商经济索赔的要求，也必须进行影响分析才能确定是否应该索赔和索赔额的多少。例如，在索赔费用的计算中，如果造成损失，承包商也应当承担部分责任时，业主就要对这部分责任所造成的影响进行分析，从而从承包商的损失索赔额中扣除承包商应当承担的费用。又如，由于业主的原因造成承包商的自有机械停工，这时承包商的损失就不包括设备使用费，而应当按台班折旧费确定损失额。如果承包商按全部机械的台班费计算索赔额，则工程师应当对承包商的索赔额进行反驳。

3.仔细核定索赔款计算，削减索赔额

业主和工程师还必须对索赔报告中的索赔款计算进行逐项分析，包括是否有索赔款计算方法不对，以及重复计算等。

从业主反驳承包商索赔的角度来说，工程师或业主对承包商提出的索赔款计算的审核，就是从业主的立场出发，对承包商索赔款计算中的各费用项目的真实性、准确性进行分析。审查索赔款计算时，要注意索赔值计算的基础是合同报价，或在合同报价的基础上，按合同规定进行调整。而承包商经常按照自己实际的生产效率、价格水平等进行计算，而过高地计算索赔值。

业主或工程师对国际工程项目索赔费用的审核主要包括以下内容：

（1）新增的现场劳动时间的审核

新增的现场劳动时间主要发生在工程范围扩大或劳动效率降低的时候。首先，应当将索赔要求中承包商应当负责的部分扣除，如承包商设备故障、劳动力调配不畅，或者属于承包商保证质量的技术措施等增加的劳动时间。其次，对于没有足够的证据支持的计算，就不能认可或要求其补充证据。业主或工程

师有权审核承包商的工时记录。

（2）工效降低而增加的劳动时间的审核

首先，应当分析工效降低的原因，确定责任者。如果是承包商的责任，如由承包商管理不善或承包商在报价时应当预见的原因造成的，则不能计入索赔款。但如果是由业主应当承担责任的原因造成的，则需要进一步审核工效降低率。由于工效降低的数据很难确定，如果承包商投标报价中有工效的数据，工程师可以通过核查承包商的施工记录中有关施工设备、工时记录等各种台账，以及施工组织的具体情况，将实际工效数据与承包商投标报价中的工效数据进行比较，审核降低的比率是否合理、计算的方法是否正确等。如果承包商的投标报价中没有工效的数据，或者没有有效的证据证明工效降低，则工程师或业主可以拒绝此索赔。

（3）增加的人工费的审核

对增加的人工费的审核，首先要扣除由于承包商的原因造成的人工费增加额，如由于承包商的原因造成的赶工所增加的人工费。人工费的增加往往是由于工程变更或为完成工程师指示进行的额外工程或附加工程，或者是按照工程师的加速施工指令而加班，或者是法定人工费的增加，或者是由非承包商责任造成的工程延误导致的窝工费。对不同的原因造成的人工费的增加额的计算，就要区别情况进行处理。例如，对法定人工费增加的审核，就要审查工资提高的指数文件是否可靠，提高的比率是否合适；再如，对非承包商责任造成的工程延误导致的窝工费，如果窝工工人调做其他工作，则只能补偿工效差值，而不能按原人工费单价计算。

（4）增加的材料费的审核

首先，审核材料费的增加是否应由承包商承担责任，如果是承包商的原因，则应扣除。材料费增加的原因主要有两个：一个是由于索赔事项材料实际用量超过计划用量而增加的材料费；另一个是材料的单价提高。这时，工程师应该审核承包商计算的材料增加数量是否准确，原备料数量是否未达到应备料数量，是否存在材料的浪费或丢失，是否有意在施工期从别的工地调来高价材料，新增材料的价格是否可靠，购货单据是否可靠，购进材料日期的材料价格指数是否与官方公布的指数相符，是否将公司总部的库存材料调来，调价方法是否与合同规定的方法相一致。

（5）增加的分包费用的审核

当分包范围的工作量增加或生产效率降低时，会导致分包费用的增加。如果是由业主的原因造成的，则承包商有权索赔。此时，工程师应审核分包合同，分析新增的工程量是否准确，证据是否充分，确定的生产效率的降低率是否合理，并通过检查施工记录和台账，核实增加的用工数量，从而扣减不合理部分。

（6）增加的施工机械费的审核

扣除由于承包商的原因增加的施工机械费，并且应区分是租赁机械还是承包商的自有机械。对于租赁机械，应审核所增的设备租赁费是否合理；租赁单据是否准确，证据是否充分；施工记录上的租赁数量与时间是否一致；是否由于应备的机械不足而租用新机械。对于承包商的自有机械，应审核承包商在投标文件中所列的施工机械设备是否已如数进入施工现场；已有设备是否已充分利用；施工机械的使用效率是否太低；施工机械费的证明单据是否可靠。

（7）工地管理费的审核

工地管理费分为固定部分和可变部分。对于固定部分，就施工范围变更和加速施工索赔来说，承包商并不发生损失，因此，不应列入索赔款计算中。在审核时，应认真分析承包商是否发生工地管理费的额外支出；计算工地管理费时，是否与报价书中的费率一致。

（8）总部管理费的审核

总部管理费也分为固定部分和可变部分。在审核时，应认真分析承包商是否发生总部管理费的额外支出。同时，应审核总部管理费的费率计算是否超过投标报价时列入的总部管理费的比率。

（9）利息和融资成本的审核

只有在业主拖欠工程款和索赔款、业主错误扣款以及工程变更和工期延误增加贷款利息时才能索赔利息。重点审核利率是否按照合同约定计算、所增贷款是否属实。

（10）利润的审核

只有在合同文件中明确指出可以补偿利润损失时，工程师才会审核利润的计算，而且利润率不能超过投标报价文件中的利润率。如果业主方有失误，并且此失误给承包商造成了损失，承包商才可以索赔利润。

4.以反索赔对抗承包商的索赔

反索赔不仅可以否定对方的索赔要求，同时还可以重新发现索赔的机会，找到向承包商索赔的理由，从而用业主的索赔对抗承包商的索赔，这在国际工程承包实践中是工程师常用的一种方法。

（二）承包商对业主索赔的反驳

虽然业主对承包商的索赔主要是由工程师发出通知或不需通知即可扣款，但是业主索赔也必须符合合同规定。所以，如果承包商认为业主的索赔不合理，就要向工程师提供证据。具体包括以下内容：

1.反驳业主的索赔理由

按照合同规定，当承包商违约或应承担风险造成的业主的损失时，业主才可以向承包商索赔。所以，承包商对业主的索赔理由的反驳主要是提供证据证明己方不该对业主的损失负责，因为索赔事件不是或不完全是承包商的责任或风险范畴。

2.反驳业主的索赔计算

对业主的索赔计算方法和计算数值的反驳，也是反驳业主索赔的重要方面。其主要是对业主索赔计算时所依据的费率、单价等的合理性进行核算，提出自己的不同意见。

3.对业主不遵守索赔程序的反驳

在《示范文本》中有明确的索赔程序和时限的要求，在 FIDIC 合同条件中也有由工程师向承包商发出通知的要求。如果业主不遵循合同中的这些规定，承包商可以提出反驳。

（三）反驳索赔的报告编写

无论是业主还是承包商，在上述反驳索赔的分析的基础上，往往要通过编写正式的反驳索赔的报告，向对方提出书面的反驳意见。此报告是对上述反驳意见的总结，是为了向对方（索赔者）表明自己对索赔要求的不同看法，以及反驳的依据。根据索赔事件的性质、复杂程度，反驳索赔报告的内容差别很大，并没有规定的格式与标准。但是，反驳索赔的报告中必须有反驳的依据，要具有说服力。

第五节　建设工程施工索赔谈判

一、建设工程施工索赔谈判的类型

建设工程施工索赔谈判可分为建设型谈判和进攻型谈判两种类型。

（一）建设型谈判

建设型谈判主要有以下特征：①基本态度和行为是建设性的，希望通过谈判建立相互尊重、相互信任的关系，希望双方为共同利益进行建设性的工作；②谈判的气氛是亲切、友好、合作的，谈判者诚心诚意和讲求实效；③在谈判过程中，注意运用创造性思维制定更多的方案，以期创造共同探讨的局面，适当妥协，以达成双方都能接受的协议；④绝不强加于人，谈判中避免相互指责或谩骂攻击。

当然，采用建设型谈判并不意味着无原则地迁就对方或委曲求全，而是坚持以理服人，通过有理有据的分析，使对方改变立场，以达到谈判的目的。

（二）进攻型谈判

进攻型谈判主要有以下特征：①基本态度和行为都是进攻性的，谈判时持有怀疑和不信任的态度，千方百计说服对方退让或放弃自己的利益；②谈判的气氛是紧张的，咄咄逼人是采用这种谈判方式的谈判者的典型特征；③在谈判过程中，谈判者深藏不露，按照设定的谈判界限不妥协、不出界，施加压力，迫使对方让步。

在工程索赔谈判中，通常承包商宜采用建设型谈判，并有限度地采用进攻型谈判，以维护自身利益，而业主和工程师常常采用进攻型谈判。

二、建设工程施工索赔谈判的策略

（一）休会策略

休会策略是指在谈判过程中，当遇到障碍或陷入僵局时，由谈判双方或一方提出休会，以便缓和气氛，各自审慎回顾和总结，避免矛盾和冲突的进一步激化。休会的时机是很重要的，选择合适的时机休会，可以使谈判者利用休会时机，冷静地分析形势，及时调整谈判策略和谈判方案，求同存异，营造新的谈判氛围，从而取得谈判的成功。

（二）苛求策略

苛求策略是利用心理攻势换取对方妥协和让步的一种策略。采用此策略的谈判者在制定谈判方案时，预先考虑到可以让步的方面，有意识地先向对方提出较苛刻的条件，然后在谈判中逐渐让步，使对方得到满足，产生心理效应，在此基础上换取对方的妥协与让步。但是此策略要慎用。因为，过高的苛求可能会激怒对方，使对方认为谈判无诚意，以致中止谈判，从而导致谈判破裂。

（三）场外谈判的策略

当谈判出现严重分歧或陷入僵局时，请有决策权的高层领导出面调停，有时也是缓和矛盾、调解分歧和打破僵局的可行策略。例如，在谈判陷入僵局时，可请承包商公司经理与监理公司经理调停。

（四）最后通牒策略

最后通牒就是规定一个最后期限，采用最后期限的心理压力迫使对手快速作出决定的一种策略。例如，在 FIDIC 合同条件和《示范文本》中均明确了许多法定程序及其时限规定的条款，如结算与付款等方面的有关条款。这些条款是谈判人员运用最后通牒策略的有效武器。例如，承包商在与工程师或业主进行长期拖欠工程款的索赔谈判中就可以采用最后通牒策略，利用合同中终止合同的权利规定一个最后期限，从而迫使其付款。

（五）以权压人策略

以权压人策略是通过权力压制给对方造成自卑心理，以使己方在心理上占上风，在谈判过程中增加控制和垄断力度的策略。这是业主和监理工程师在索赔谈判中常用的一种策略。

（六）引证法律策略

引证法律或借用法律限制是谈判中常用的一种策略。在索赔谈判中，利用法律达到目的和谋求利益，或以法律限制为借口，形成无法再商议的局面，迫使对方就范，可以达成有利于自己的协议。

（七）谋求折中策略

谋求折中，即合理妥协，是有经验的谈判者常用的一种策略。通常，谋求折中策略运用在争论激烈的关键时刻或谈判的尾声。高明的谈判者不会让谈判破裂，而是寻求双方潜在的共同利益，说服对方作出适当的让步，从而达成双方均能接受的协议。

（八）聘用专家策略

聘用专家策略是指在谈判时，聘用一些专家参加谈判，利用人们对专家的信服，从而在谈判中处于有利地位的策略。在重大的索赔谈判中，承包商常常采用此种策略。

（九）声东击西的策略

声东击西的策略是在谈判过程中有意识地将会谈议题引到不重要的问题上，分散对方对主要问题的注意力，从而实现自己意图的一种策略。这种策略的目的不外乎是想在不重要的问题上先做些让步，造成对方心理上的满足，从而为会谈营造气氛；或者想将某一议题的讨论暂时搁置，以便有时间做更深入的了解，查询更多的资料，研究对策；或者作为缓兵之计，延缓对方的行动，以便找出更妥善的解决对策。

（十）据理力争的策略

据理力争的策略是指当面对对手的无理要求和无理指责时，或者对手在一些原则问题上蛮横无理时，不能无原则地一味妥协与退让，使对手得寸进尺的一种策略。

（十一）澄清说明的策略

在国际工程项目施工中，由于谈判是在不同国家的谈判人员之间进行的，其文化背景、习俗和语言障碍等都会导致双方的分歧与误解。这时，如果谈判者能及时地运用澄清说明的策略，就能很快消除分歧与误解，从而推动谈判顺利进行。

（十二）先易后难的策略

先易后难的策略是营造谈判氛围、增强谈判信心和加快谈判进程的一种有效策略。它是指谈判先从双方容易达成一致意见的议题入手，从而双方可以在较短的时间内，在轻松、愉快和相互信任的气氛中很快取得谈判成果，为接下来的谈判建立良好的基础。

（十三）谋求共同利益的策略

谋求共同利益的策略是指在谈判时着眼于利益而非立场。谈判双方在谈判过程中虽然有对抗性立场和冲突性利益，但也蕴含着潜在的共同利益。因此，谈判双方从共同利益而不是对抗立场出发去谈判，从而做出合理的让步，达成双方都可以接受的协议。

（十四）假设策略

假设策略是用以缓和气氛，探测对方意图的一种策略。在谈判过程中，谈判双方难免出现分歧和争论。此时，往往谈判的一方主动提出一些妥协条件，提出解决问题的选择性方案，供双方进一步商谈。这是索赔谈判中较常采用的一种策略。这种策略既可避免谈判陷入僵局，又可探测对方意图，是一种很好的谈判策略。

三、建设工程施工索赔谈判应注意的问题

①谈判目的必须明确。谈判双方应严格按照合同条件的规定进行谈判,对谈判要达到的目的心中有数。会谈双方均应信守一个原则,就是力争通过协商和谈判友好地解决索赔争端,避免把谈判引入尖锐对抗的死胡同,最后靠仲裁或诉讼解决争端。实践证明,仲裁或诉讼往往造成两败俱伤。

②谈判态度要端正。谈判双方应冷静,以理服人,为通过谈判解决问题营造和谐的气氛,切忌将谈判变为指责、争吵与谩骂。谈判者要有耐心,不宜轻易宣布谈判破裂。

③谈判准备要充分。谈判双方在谈判前要做好充分的准备,拟好谈判提纲,准备好充分的证据。

④谈判策略要适当。根据实际情况,谈判者可以选择前述的十四种策略中的几种在索赔谈判中使用。

参 考 文 献

[1] 常继峰. 建设工程施工进度控制[M]. 北京：中国纺织出版社，2022.

[2] 陈为民，仇一颗. 建设工程计价与计量[M]. 长沙：湖南大学出版社，2021.

[3] 陈文建，曾祥容，季秋媛. 工程造价软件应用[M]. 3版. 北京：北京理工大学出版社，2023.

[4] 成虎，张尚，成于思. 建设工程合同管理与索赔[M]. 5版. 南京：东南大学出版社，2020.

[5] 崔永，于峰，张韶辉. 水利水电工程建设施工安全生产管理研究[M]. 长春：吉林科学技术出版社，2022.

[6] 丁亮，谢琳琳，卢超. 水利工程建设与施工技术[M]. 长春：吉林科学技术出版社，2022.

[7] 董建福. 建设工程施工合同法律结构解析[M]. 北京：知识产权出版社，2022.

[8] 董雄勇. 建设工程工程造价司法鉴定方法研究[M]. 昆明：云南科技出版社，2021.

[9] 杜和浩，陈浩. 最高人民法院建设工程施工合同案例裁判规则[M]. 北京：法律出版社，2022.

[10] 房沫，袁海兵，湛栩鸥. 建设工程施工合同热点问题实务研究[M]. 北京：法律出版社，2022.

[11] 谷祥先，凌风干，陈高臣. 水利工程施工建设与管理[M]. 长春：吉林科学技术出版社，2023.

[12] 贾国栋. 建设工程施工合同常见纠纷及裁判观点[M]. 北京：法律出版社，2023.

[13] 赖笑，王锋．建设工程招投标与合同管理[M]．北京：清华大学出版社，2024．

[14] 廖昌果．水利工程建设与施工优化[M]．长春：吉林科学技术出版社，2021．

[15] 廖奇云，李兴苏．建设工程监理[M]．北京：机械工业出版社，2021．

[16] 满庆鹏，孙成双．建设工程信息管理[M]．北京：机械工业出版社，2021．

[17] 梅俊．施工方追索建设工程款裁判规则与实务指引[M]．北京：法律出版社，2023．

[18] 任海民．水利工程施工管理与组织研究[M]．北京：北京工业大学出版社，2023．

[19] 宋金喜，曲荣良，郑太林．水文水资源与水利工程施工建设[M]．长春：吉林科学技术出版社，2023．

[20] 田福兴．电力建设工程施工安全检查指南[M]．北京：中国水利水电出版社，2022．

[21] 王晶，姜琴，李双祥．路桥工程建设与公路施工管理[M]．汕头：汕头大学出版社，2022．

[22] 王磊．公路工程施工与建设[M]．长春：吉林科学技术出版社，2021．

[23] 王小艳，韦新丹．建设工程法规及案例分析[M]．武汉：华中科技大学出版社，2021．

[24] 王毓莹，史智军．建设工程施工合同纠纷疑难问题和裁判规则解析[M]．北京：法律出版社，2022．

[25] 邢万兵．建设工程施工合同纠纷要点解读与类案检索[M]．北京：法律出版社，2022．

[26] 徐勇戈．建设工程合同管理[M]．北京：机械工业出版社，2020．

[27] 杨传光．建设工程招投标与合同管理[M]．北京：北京理工大学出版社，2021．

[28] 张磊，唐纪文，秦向东．建设工程施工质量管理研究[M]．长春：吉林科

学技术出版社，2022.

[29] 张雪锋. 建设工程施工合同纠纷标准化指引［M］. 北京：法律出版社，
2022.

[30] 祝贞国. 风电场施工与安装技术研究［M］. 长春：吉林科学技术出版社，
2023.